股價波動原理與箱型理論

黃 韋 中　著

大益文化事業股份有限公司

目　錄

作者序

2003年與兩位恩師——李進財教授、謝佳穎老師聚餐時，一個無心的話題，讓《主控戰略K線》這本書在市場上誕生。原本以為這是第一本也是最後一本，沒有想到在謝老師的鼓勵與催促下，又寫了第二本書，即《主控戰略開盤法》，後來又因為一些承諾，訂下了寫滿7本《主控戰略》書系的計畫。

回頭看起來，寫書，實在是無心插柳，從來沒有想過會寫這麼多本。

後來，在2006年初與一休兄餐聚時，我們突然有一個構想，為何不將技術分析的觀念與一休兄所代理的《奇狐勝券股票分析軟體》作結合，幫助操作者在運用技術分析研判時，能夠節省一些研判的時間，或是能更簡單的確認漲跌訊號？當下我們就決定了這個構想，也因此才有這一本書的誕生。

想想又是吃飯惹的禍，不然也不會有這一本書的問世。

書裡面有提到幾個簡單的指標與設計觀念、技巧研判的方法等等，然而自設指標的程式撰寫，我並不在行，幸好在架構這本書的內容時，並非以進階的程式寫法為定位，而是針對一般對程式語法比較不了解的操作者，作一個簡略的運用介紹。至於技術分析的內容，則是希望從大輪廓到小細節，如何買賣的這些策略與思考能夠作一個完整的描述。

在筆者所架設的討論網站上，有許多朋友對於我曾經應邀在兩家大學，所舉辦的免費技術分析推廣教育內容有些興趣，雖然網友們交換了錄音檔案，而我也提供當時的研習資料供網友們下載，但是錄音的內容沒有圖形對照，很擔心是否能完整的傳達研討會中的內容，為了避免網友們誤用，因此便以推廣教育內容為藍本，並補強在會場中沒有仔細探討的觀念，搭配圖形說明整個買賣的思維，希望能對有興趣進入實戰操作的朋友能有些許的幫助。

在筆者撰寫《主控戰略》書系的初期，也曾經為讀友們舉辦過數場免費的讀友會，但是礙於場地限制與時間，向隅的朋友不少，因此也將當時讀友會中的箱型理論，納入本書的內容討論。當然礙於篇幅的關係，箱型理論我選擇了比較容易理解的部分作說明，其他牽涉比較繁複的定位與研判，則希望在來日能有機會做更深入探討。

如果各位朋友在閱讀本書的過程中，對於技術分析的研判方法有疑惑，或是對本書內容有任何建議、討論，請駕臨筆者所架設的討論網站，如果是對指標的撰寫有所疑惑，請駕臨奇狐勝券的專屬論壇，奇狐勝券工程部的同仁們，都很願意幫助各位朋友解答。這兩個網站的註冊與使用，都是免費，歡迎各位朋友多加利用。

最後感謝一休兄這幾年來的提攜與照顧，並感謝簡愛洋行(奇狐勝券軟體台灣總代理商)無償提供使用奇狐勝券軟體的圖形，讓編寫書籍的工作得以順利進行，更感謝各位朋友對韋中系列叢書的愛護與支持，謝謝大家。

韋中　謹識

主控戰略中心 http://h870500.ez-88.com

奇狐勝券論壇 http://www.chiefox.com.tw/bbs

股價波動原理

一般而言，股價(含所有金融商品)波動是由供需原則決定。研究股價的波動的主要途徑又分為：一、股價與其他經濟活動現象的關係，利用這些關係的變化預測股價可能的波動。這種方法通稱為**基本分析**。二、不考慮其他經濟活動的現象，僅單純考慮股票市場所呈現的技術性因素的各種現象預測股價。這種方法通稱為**技術分析**。

基本分析必須考慮到：

一、股票利率與股價關係。

二、比較股息利殖率與債券利殖率來判斷市場狀況。

三、股價與利率的關係。

四、 經濟成長，景氣與股價波動之關係。

五、股票市場動態。

六、貨幣政策情況。

七、價格總水平的變動情況。

八、大眾投資者的市場心理。

九、政治的影響。

十、天災人禍的發生。

十一、人口變動。

這些因素並非一般投資大眾可以深入研究了解，也就是說這些因素比較不容易入門，並非這些因素不重要。

既然如此，我們便可以考慮學習技術分析。市場上技術分析的方法很多，沒有好或是不好的分別，只有恰不恰當而已，因此只要能夠適當的解讀並幫助投資人認識股價的波動，就是好的技術分析方法，當我們學習到恰當的技術分析技巧之後，必須融入我們的操作策略當中，幫助我們在金融市場上擷取適當的投資報酬率。

如何認識股價的波動？事實上，股價大部分的時間是在進行「**調整**」，少部分的時間是**攻擊走勢**，通常攻擊走勢在股價波動的呈現上，都會相當明確而且容易辨識，調整走勢卻不容易察覺，因此在學習認識股價波動的重點，便在分辨股價為什麼要進行調整？在什麼位置容易進行調整？調整的時間與幅度要如何才能對原始走向呈現有利情況？當投資人可以很清楚的分辨這些關鍵之後，自然股價的波動結構就會被破解了。

股價的循環原理

在目前的科學領域中，我們從許多文獻與研究資料中可以知道，宇宙中任何事物都可以用曲線呈現，例如：人的情緒週期、生理週期，聲音的振動、水波變化等，甚至也有學習五術的賢者，可以畫出人的運勢週期。姑且不論這些週期對於其他事項涵蓋性如何，我們可以假設一件事：只要是現在可以看見或是已經存在的事物，都有其週期性，既然談到了週期，也就不能忽略循環。

假設把物理學中的週期概念套入股價中探討，我們可以假設股價是一個上下震盪的運動，表示這個股價波動的曲線，暫時以正弦波代替，如《圖 1-1》所示。也就是說任何一個單純的波動，大致上可以運用這樣的模式呈現。

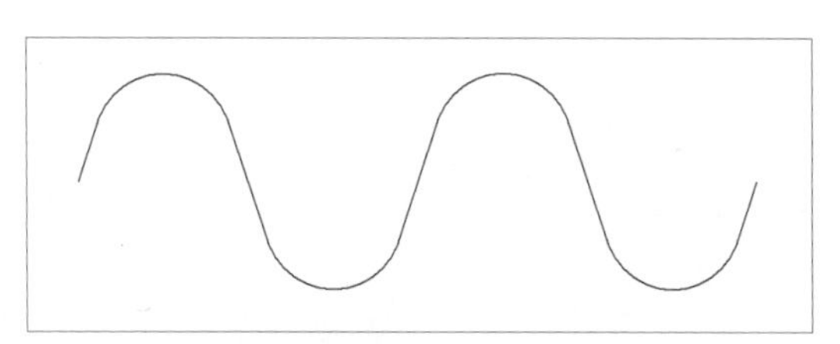

《圖 1-1》股價以簡單的正弦波曲線表示

然而真實的股價運動並不如圖中所描繪的那麼單純，應該是一個更複雜的循環波動，在探討複雜的波動之前，我們先將正弦波的曲線以簡單的折線圖表示，因此將正弦波的波峰和波谷以直線連接，呈現出如《圖 1-2》的走勢。

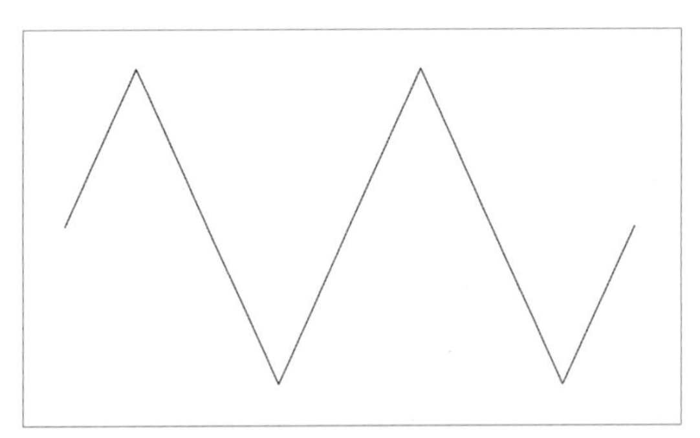

《圖 1-2》股價以簡單的高低折線表示

接著再將簡單的高低折線圖複雜化，因為股價上漲與下跌，不可能以單一直線上升或下降，應該會在上升過程中，呈現上上下下不同的細微折線，或是在下降過程中，呈現上上下下不同的細微折線表示，如《圖 1-3》所示。這也是一般在説明股價波動過程中，最常用的表示方法。

而在上上下下細微的折線中，其實我們可以再更細膩的表示。因為每一個上升過程中，在上升一小段之後，就會進入震盪走勢，這個震盪走勢在技術分析的領域中，通常稱為**盤整或是調整**。震盪結束之後，再往上持續原始上升的走勢，接著再進入震盪、再上升，如此週而復始，直到上升過

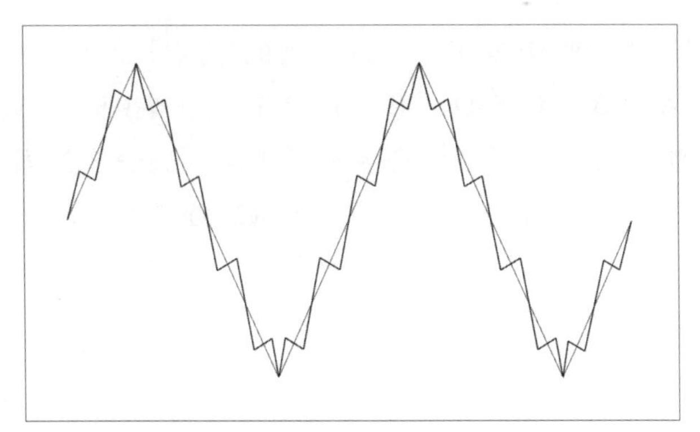

《圖 1-3》股價以比較複雜的折線表示

程中的力道減弱，轉變成為下降的走勢。

換言之，整個股價的大循環如同一個正弦波，我們可以將這種波動視為長期的走勢，而在長期走勢中自然會出現更細微的上下波動，這些細微的波動便如同《圖1-4》所呈現，亦即短期的股價波動。因此認識長期股價的波動，並且分辨短期股價波動的相對位置，便是學習技術分析的重點所在。

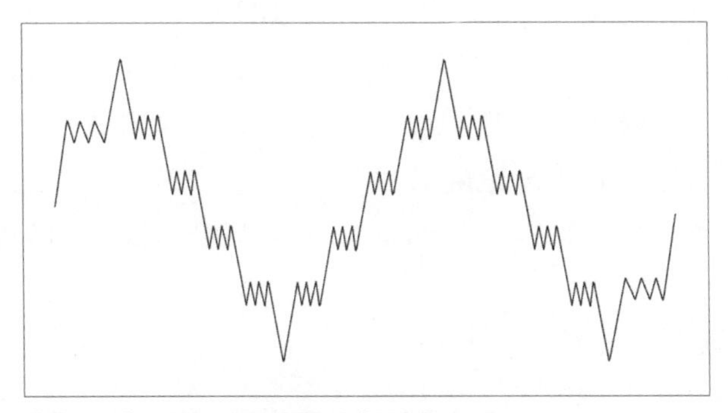

《圖 1-4》股價以更複雜的折線表示

為了明白股價短期與長期波動的相對關係，在《圖1-5》標示了A、B、C、D、E、F的註記，其中標示A是長期循環的轉折位置，假設投資人在此處切入該股，代表掌握到最低成本，當然這不是辦不到，不過想要掌握此處，將會花費過多心力，而且有其風險性存在，並不建議一般投資人去追尋這樣的點位與技巧。

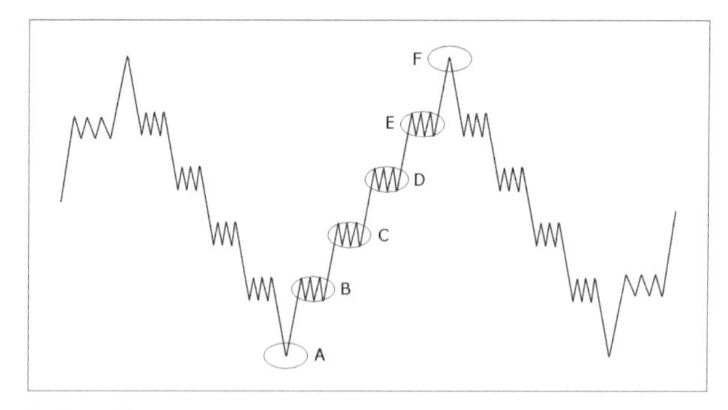

《圖1-5》股價恰當的切入點位思考

但是標示B，已經明顯的呈現「**循環**」有機會向上攀升，切入的風險不高且成本也相對的較低，自然是最佳選擇，隨著循環向上，相對位置越高，多方操作者的風險也漸漸提高，也就是在操作風險與所獲得的利潤將成反比，當股價攀升到標示F時，正處於循環轉折的臨界點，在此介入，就是作多在長期循環的轉折高點，所蒙受的操作損失將會最大。

當股價的循環討論至此，我們可以接著思考幾個問題：

一、如何知道標示A是長期循環的低轉折臨界點？

二、如何知道標示B是適合切入的位置？

三、如何知道標示C、D、E、F其相對風險值？

四、如何規避B、C、D、E、F不是另一個向下的轉折臨界點？

五、如何在B、C、D、E切入，並善設作多停利點與停損點？

這些思考將是學習技術分析的重點，因為只有了解這些基本因素，才可以將技術分析適當的套入策略中進行操作，沒有這些基本概念，就不能說認識技術分析。

我們如何知道標示A是循環的轉折臨界點？因為每段循環會延續前一段循環進行，假設前一段是向下的循環，當這個向下的循環力道已經用盡，也就是空頭的力道已經減緩，此時將會出現空頭的錯誤訊號，那麼它就有機會形成轉折的臨界點。

因為循環充滿了不確定性，走勢圖的右側永遠未知，沒有人可以百分之百肯定未來的循環走勢，尤其在多空轉折的臨界點上，必須有面臨可能轉折的心理準備，因此在操作過程中必須隨時保持警戒。

如何知道標示B是適合切入的位置？這時轉折已經很明確了，而剛剛形成轉折時，向上的力道不會立刻消失，因此在這裡切入的風險是比較低，作多的利潤也比較高，學習技術分析的重點之一，便是清楚的認識這個位置。

如何知道標示C、D、E、F其相對風險值？其實方法相當簡單，就是善用測量與比較的法則，測量可以讓我們知道現在的相對位置，而測量的方法相當多元化，最基本的方法之一，可以參考《主控戰略移動平均線》書中的黃金螺旋，或是參閱本書第三章介紹的〈箱型理論〉，甚至將兩者搭配運用，將可以更合理的掌握到相對位置。

比較的法則是利用現在的相對位置與走勢，與之前循環的走勢做比較，這樣就能很容易明白現在位置對多空是否有利，這些運用法則將在後續的單元中進行探討。

如何規避B、C、D、E、F不是另一個向下的轉折臨界點？因為未來走勢充滿不確定性，除了善用測量定位其相對風險之外，理應在這些位置切入之後善設停損觀察點規避風險，這部分將與探討如何在B、C、D、E切入，並善設作多停利點與停損點合併討論，在本書的第4章，將會進行策略的運用與說明。

分辨調整與攻擊的方法

調整(或稱為盤整)的目的是為了蓄積下一次攻擊的力道。比如，上漲過程中進入調整，通常是上漲力道已經用盡，或是撞進、撞過前波壓力區，在調整過程中，只要沒有破壞原始多頭上升結構，我們可以認定這種調整是對多頭有利，未來股價的走勢仍將會持續向上。

但是調整不代表它不會轉向，不然就沒有所謂的頭部或是底部了。當原始方向的力道已經完全用盡時，調整的目的是為了製造轉折的臨界點，因此在策略的運用上，只要發現屬於作多風險極高的位置上，就不適合做大部位的佈局動作。至於一般散戶投資人，也沒有佈局的條件，只要在調整走勢結束後，發動的瞬間切入即可，這樣自然可以規避掉大部分誤判轉折臨界點的風險。

如何分辨調整與攻擊的走勢呢？其實一般人都具有辨識走勢的能力，只是沒有善加運用而已。不論多空，攻擊走勢大多是明快而且角度較為陡峭，然而調整是沒有方向可言，走勢會相當溫和，我們不妨以一張K線圖作為說明。

在《圖 1-6》當中，畫圈的位置就是所謂的調整，連接調整的走勢就是攻擊。從圖形中，很清楚的可以分辨調整走勢與攻擊走勢的差別。至於圖檔所揭示的是短期走勢，如果在中長期走勢，如何分辨調整與攻擊呢？又如何得知調整的強弱程度？

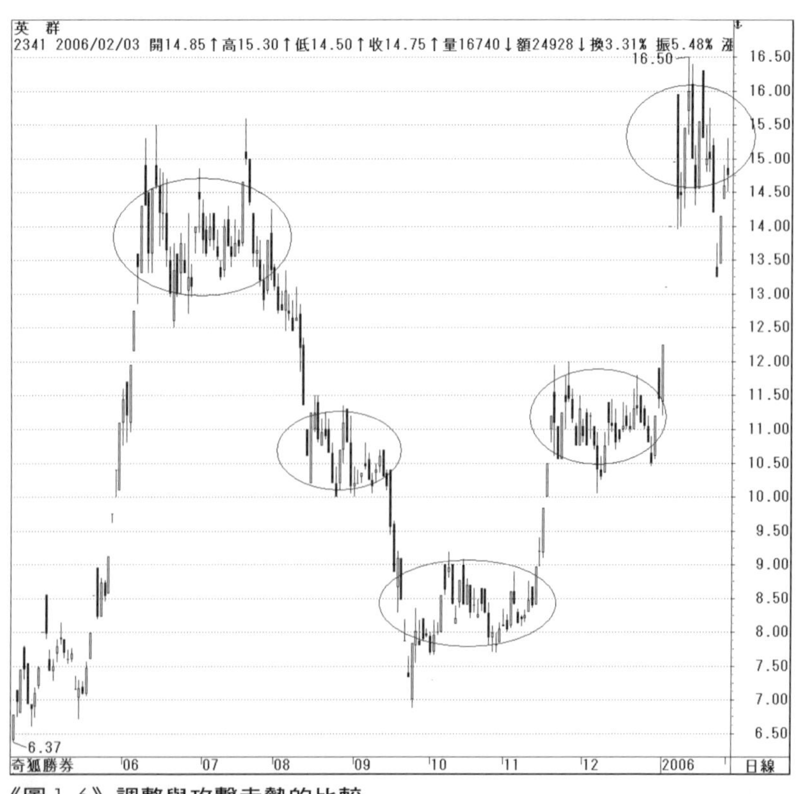

《圖 1-6》調整與攻擊走勢的比較

在中長期走勢的研判上，初學者可以將股價線圖切換到週線圖或是月線圖做研判，或是將日線圖縮到極小，觀察整個輪廓。調整走勢的強弱程度，可以利用比較法則，或是利用黃金比率切割股價波動的空間。以上都是一般慣用的研判方法。

在線圖的波動過程中，短期走勢看起來相當強勁，但是回到中長期走勢研判時，卻屬於調整走勢，這種層次上的差異，往往是投資人最不容易辨識。我們若可以將線圖縮到極小，那麼這種層次上的差異就會變得比較容易分辨，如果線圖呈現如《圖 1-7》所示，它的波動呈現交疊，那麼中長期走勢仍屬於調整。

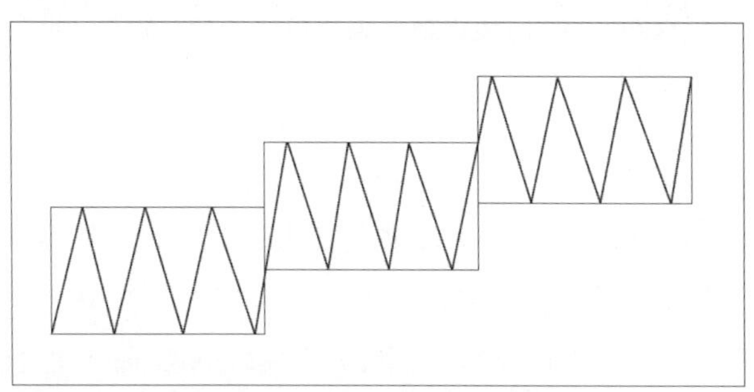

《圖 1-7》股價調整呈現密集的波動走勢

如果將線圖縮到極小後，在每一個明顯的調整之間，是利用角度比較陡峭的走勢串連，那麼就代表在中長期的股價波動過程中，出現了攻擊走勢，這樣的模組請參考《圖1-8》所示。

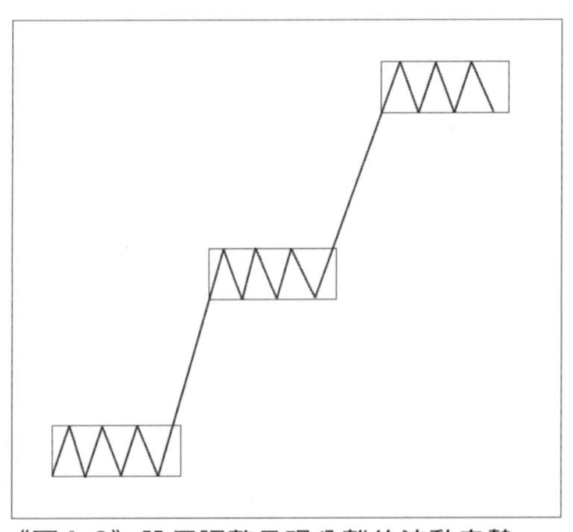

《圖 1-8》股價調整呈現分離的波動走勢

接著請看《圖1-9》。從精業股價的密集波動走勢圖中觀察，畫框的位置如果放大來看，每一小段都有出現攻擊的態勢，但是將線圖縮小之後，這些小波段的攻擊，在中長期走勢的角度下，只能算是一種調整性質的波動，也就是一般常稱的「**擴底走勢**」。如果投資人介入這種類型的股票，在操作時往往昧於短線攻擊的表現相當強勁，忽略了中長期走勢下的定位，導致短線目標滿足之後不知先行退出，執行獲利了結、落袋為安的動作，使得股價再度回到買進的起漲點。

《圖 1-9》 中長期走勢屬於調整波動的範例

請看《圖 1-10》。我們同樣的將英群的股價線圖縮小觀察，可以明顯的看出方框內的位置是屬於調整走勢，連接這些調整走勢的股價波動，屬於中長期攻擊走勢。從這兩個例子可以得知，當股價出現中長期的攻擊走勢時，所能擷取的波段利潤較高，風險也會相對較低，如果介入的格局只是短期的攻擊走勢，所能擷取的波段利潤較少，且風險也會相對的較高一些。

《圖 1-10》 中長期走勢屬於攻擊波動的範例

接著再看《圖1-11》。力晶股價的整個走勢波動，可以區分為攻擊走勢與調整走勢，標示A這個範圍內用方框圈起來的位置，是屬於短期調整走勢，而這些方框連接在一起相互重疊，所以整個標示A的範圍便形成一個中期的調整走勢。至於標示B的方框，雖然也是屬於短期的調整走勢，但是彼此不相互重疊，因此連接這些方框的走勢就可以定位為攻擊走勢，投資人不妨嘗試將股價K線圖，運用這些方法進

《圖1-11》中長期走勢中調整與攻擊波動的組合範例

行觀察，很快就可以分辨出調整走勢與攻擊走勢的差異，更可以清楚看出分屬於短、中、長期哪個位階。

產生轉折與調整的位置

一般而言，股價會產生轉折進行調整的位置，約略可以分成兩大類：

一、**目標滿足**。當股價達到作線主力或是眾人所期望的目標值之後，股價原始走勢力道就會減緩，因此股價便容易產生轉折而進入震盪走勢。

二、**挑戰關卡**。當股價挑戰前波的壓力區間或是支撐區間時，因為股價受制於前波走勢變化，所產生實質的或是心理的因素，使原始股價走勢的力道受阻，因此產生轉折，並使股價進入調整的走勢。

我們嘗試將上述類別，討論如後。

目標滿足

什麼是目標滿足？以股價上漲走勢為例，當股價上漲到某一個高價H時，股價就進入盤頭走勢，便可以說目標已經滿足了。但是未來誰有把握這是最高點？誰知道股價會不會再創新高？就算是作線主力也有可能作線失敗，讓心中預期的目標無法完成，或是目標已經完成了，但是市況尚佳，所以就順勢再上漲10%空間出貨也無妨，甚至甲主力已經作完了，不玩了，結果冒出一個乙主力，繼續接手將股價作上去。有時連作線主力都無法百分之百肯定目標是否可以拉到預期，更何況是芸芸眾散戶。

換言之，不管是公司派、作線主力，或是所有投資人，對於未來都是無法完全掌握，只是公司派、主力所掌握的資源較多，相對的對於股價的期望值比較容易達成而已，但是不管是什麼人，都是自然界中的一份子，所以我們可以假設其行為都應該符合自然律的變化，因此便可以利用這種理論，推測可能的目標區。至於自然律用數學做最佳的詮釋，非費伯納西係數莫屬。

在拙作《主控戰略移動平均線》書中，曾經對這部分提出一些粗淺的見解，由黃金比率(1.618或0.618)依擴散或是收斂原理推導出來的黃金螺旋比例，可以無限擴張或是縮小，是一種對數或是等角螺旋形的型態，這些比例關係，可以與宇宙間不少的現象相互契合。根據文獻，細菌的繁殖、隕石撞擊地面的坑洞、松果的果瓣排列、蝸牛與鸚鵡螺的殼、海浪的波動、動物的角紋、向日葵及雛菊的花紋排列、身材比例、甚至DNA的比率、颱風的漩渦與太空中的星雲，都呈現對數螺旋的形態。

除了以上所述在生物學與自然界已經得到許多實證之外，舉凡建築、美術、音樂等，都可以實際進行運用，那麼套用在反應人類行為所表現的股價波動上，自然有其實用之處。因此我們便利用黃金螺旋，規劃可能上漲或是下跌的目標區，經過實證，在許多場合果然可以恰當的解釋股價波動。

但是請投資人注意，既然是預估，就充滿了不確定性，換句話說，股價不一定會依照所預期的前進，因此測量的目的只是告訴我們現在股價可能處於何種相對位置，在操作上可能承受的風險值大概有多少罷了。

雖然在認識波浪理論之後，對於計算過程會有相當大幫助，而且會使估計值與實際走勢相當接近，但這並不能保證完全沒有風險，充其量越熟悉股價波動，相對所承受的風險越低而已。然而投資人也不必擔心沒有將計算的基礎掌握好，因為計算出來所產生的差異，不會對操作的進出產生影響，而是認知的風險不同罷了。

至於預估的目標值萬一沒有如預期的滿足，或是滿足後股價依然繼續前進，這些問題都不是我們該煩惱的事，關於這些問題的解決方法，將在本書第 4 章為各位投資人說明。

那麼當股價有機會產生多頭攻擊走勢時，我們該如何計算可能的上漲目標區呢？從《圖 1-12》當中，對於預期是上漲攻擊走勢時，通常取上漲第一段 H～L 為測量幅度，計算其黃金螺旋，其公式如下：

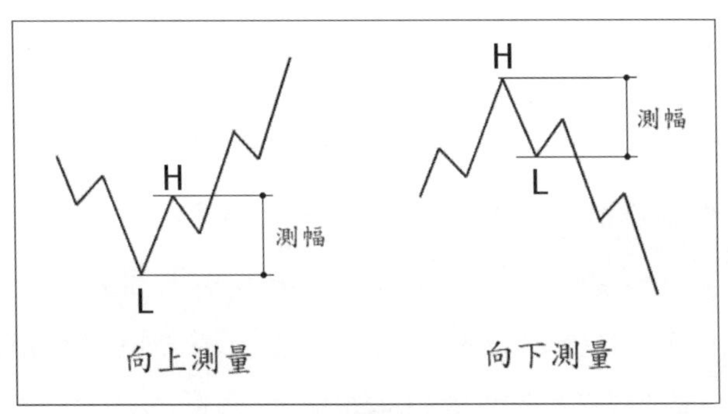

《圖 1-12》黃金螺旋測量原理

上漲的第一個目標＝(H－L)× 1.618 ＋L

上漲的第二個目標＝(H－L)× 2.618 ＋L

上漲的第三個目標＝(H－L)× 4.236 ＋L

上漲的第四個目標＝(H－L)× 6.854 ＋L

其中 H～L 這一段，可以是一個浪潮，也可以是一段折線，必須依照當時走勢進行較佳、較適當的決定。

從《圖 1-12》當中，對於預期是下跌攻擊走勢時，取下跌第一段 H ～ L 為測量幅度，計算其黃金螺旋，其公式如下：

下跌的第一個目標＝ H －(H － L)× 1.618

下跌的第二個目標＝ H －(H － L)× 2.618

下跌的第三個目標＝ H －(H － L)× 4.236

下跌的第四個目標＝ H －(H － L)× 6.854

其中 H ～ L 這一段，可以是一個浪潮，也可以是一段折線，必須依照當時走勢進行較佳、較適當的決定。

那麼股價與黃金螺旋目標之間其關連性與代表的意義為何？請看《圖 1-13》以作多為例，簡單的說，當股價根本不能夠上漲到測量段的 1.618 倍幅，百分百肯定這只是屬於一個調整的走勢。假設僥倖可以攻擊到 1.618 倍幅以上，我們可以定位這是一個強勢的調整行情，股價有機會轉變成為攻擊走勢。如果股價可以順利的上漲超過測量段的 2.618 倍幅以上，就可以定位這是一個攻擊走勢，這部分等到撰寫《主控戰略波浪理論》時再詳細說明。

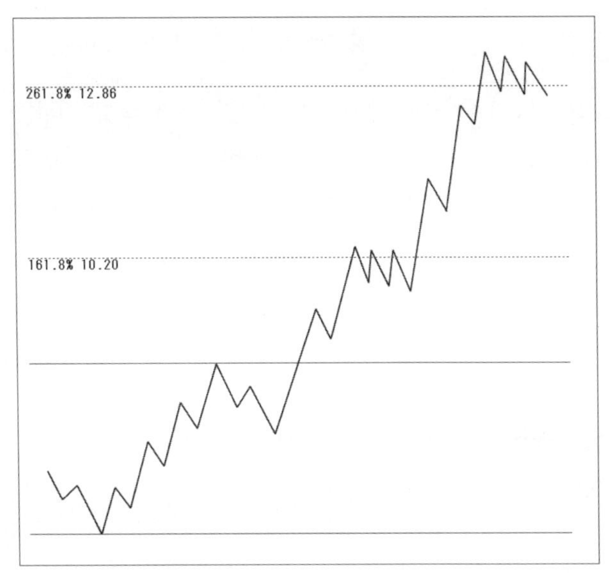

《圖 1-13》黃金螺旋測量的目標意義

當然，測量學除了本單元所述的黃金螺旋計算之外，也有其他運用的法則，比如：槓桿原理、翹翹板原理，再利用這些理論推導出N字測幅、倒N字測幅、調整浪的計算、比例公式、型態測幅等，不管是運用哪一種，都必須請投資人注意，這些都是屬於推測未來「**可能**」的目標區，而非絕對會完成的數據，所以只要在運用過程中合乎股價波動原理，並可以適當的詮釋關於股價的物理性質，就是一個良好的測量依據。

實例說明

請看《圖1-14》。圓剛股價先做波段洗盤拉回到標示L，再做出H～L的初升段後形成向上漲升的走勢，當股價在標示A穿越黃金螺旋的1.618倍幅之後，略為震盪便隨即攻到2.618倍幅的位置，這樣的走勢暗示攻擊力道已經出來，後續股價會不會續漲，便要觀察滿足目標後的股價走勢是否會對多頭產生破壞。

《圖1-14》黃金螺旋測量與股價波動關係的範例之一

穿越 2.618 倍幅之後出現的震盪如標示 B 所示，很顯然的這個調整維持在相對高檔，沒有出現明顯拉回，當出現「**多方試探**」的線型突破標示 B 的震盪區間時，便宣告股價將往下一個目標前進，結果股價在穿越 4.236 倍幅之後，再度進入震盪走勢，如圖中標示 C 所示。

接著股價再度以「**多方試探**」的線型突破標示 C 的震盪區間，正常而言，我們會估計股價將往下一個目標即 6.854 倍幅前進，但是就長期走勢而言，前波有一個 53 元的整理壓力，穿越這裡很容易遭受打壓，況且潮汐的力道也差不多在這裡會用盡，因此在此處必須注意多頭轉弱的訊號，當線圖走勢轉弱時，短線便可以考慮先行退出，退出時，以標示 D 的反彈為參考，反彈如何觀察的技巧將會在本書第 4 章加以說明。

接著請看《圖 1-15》。我們先取英群股價從 15.6 開始下跌的第一段折線當作是初跌段，分別計算出黃金螺旋的 1.618 倍和 2.618 倍目標觀察，結果發現在穿越這兩個目標之後，股價都出現對應的震盪走勢，因此我們就可以假設這樣的取段測量是合理的。

《圖 1-15》黃金螺旋測量與股價波動關係的範例之二

這種方法屬於倒推法，也就是先假設取段是正確的，未來股價應該要出現對應的行為，當走勢告一段落之後，再根據實際走勢進行調整、修正取段的恰當性，因此只要利用恰當的軟體工具，多利用歷史線圖來進行測量的動作，自然就可以逐漸熟悉股價的波動變化，對於推測未來的目標值也會與實際走勢比較接近。

善用軟體工具的好處是不必自己動手計算，只要用游標點選就可以快速將所有數值展示，在圖形上，如此才有事半功倍的學習效果。

一般投資人都會擔心，萬一取錯測量段會不會造成什麼影響？其實影響是相當有限，差異在於觀察的週期和操作心態。有的投資人想要玩大一點的波段，那麼自然就會取大一點的測量段，想玩小波段的投資人，就取保守一點的波段測量，觀察的週期不同，取的測量段自然就不同，結果就是產生的利潤大小有所不同，以及承受的風險也有不同罷了。

以英群從 5.9 元起漲的這一段走勢說明取段不同的差異，請看《圖 1-16》。假設我們取圖中 H～L 這段作為測量段，那麼1.618倍目標＝10.19元，2.618倍目標＝12.84元，股價在穿越 12.84 元之後就出現震盪盤頭走勢，因此這樣的取段測量堪稱合理。接著再請看《圖 1-17》。

《圖 1-16》黃金螺旋測量與股價波動關係的範例之三

在《圖1-17》當中，我們嘗試改以圖中標示H～L這一段作為測量段，標示A、B突破H的高點之後沒有立刻攻擊，而是在穿越1.618倍之後略作震盪，等到震盪結束之後，股價才正式發動攻擊走勢，其2.618倍幅目標＝10.3元，4.236倍幅目標＝13.02元，結果發現這些數據，與《圖

1-16》中不同的取段，不是相當接近嗎？更有趣的是穿越目標的棒線是同一筆。從這一個例子可以得知，不必太過於介意是取了哪一段，應該要注意如何恰當的解讀股價波動的邏輯，才是研究技術分析的正確方向。

《圖 1-17》黃金螺旋測量與股價波動關係的範例之四

挑戰關卡

什麼是關卡？只要是股價曾經經過整理之後的區間，無論其週期長短，就可以稱為關卡，或是股價形成重要的正、負反轉的轉折點，亦可以稱為關卡。當然，短期的關卡所呈現出來的支撐或是壓力現象，比較不明顯，當股價挑戰這些關卡時，反應的程度不會太過於劇烈；相對的，長期的關卡所呈現出來的支撐或是壓力現象，就會比較明顯，當股價挑戰這些關卡時，反應的程度也會比較劇烈。

短期的關卡其代表有《酒田K線》的型態，或是根據指標所呈現的關卡價位；長期的關卡則是指趨勢轉折，或是《道氏型態》的整理區間與波浪的調整浪等，不管長短週期的關卡，其道理是一樣的，只是呈現在不同線圖，就會表示不同型態而已。此外，關卡的成交量表現，也會決定關卡的阻力值大小，為了讓討論單純化，這部分暫時留給讀者們進行驗證與思考。

在挑戰關卡的過程中，我們可以概分為**關前與關後**，在這裡先以多方為例，如《圖1-18》，空方的思考只要將圖形倒轉即可，不再贅述。所謂的關前就是在關卡下方，關後就是在關卡上方，當股價上漲撞進壓力或是突破壓力區間，就物理慣性而言，會產生反作用力，導致股價走勢進入區間震盪或是拉回修正，這是自然界的道理，而非「預設立場」。當然有少數個股會無視於壓力，直接衝過關卡飆漲，但畢竟是少數，或多或少都會反映一些回檔的動作，只是幅度大小有別而已。

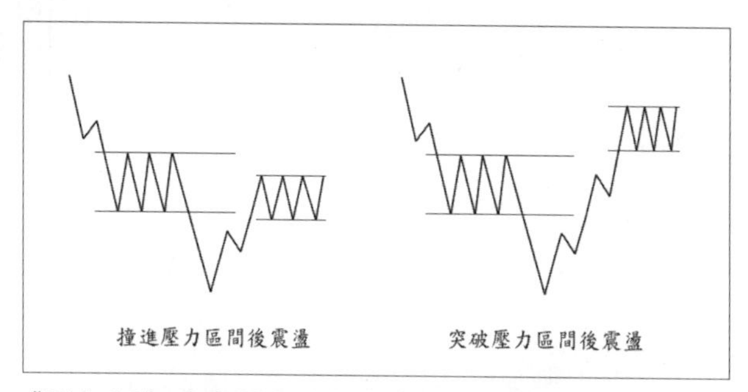

《圖 1-18》多空壓力的對應比較

通常當撞進壓力而沒有突破壓力就出現震盪，稱為「**關前震盪**」，因為壓力還沒有被突破，這樣的震盪對多頭而言，風險較高。如果股價走勢撞過壓力後才產生震盪，稱為「**關後震盪**」，因為壓力已經被突破，所以這樣的震盪走勢對多頭較為有利。

但是沒有人規定在「關前震盪」或是「關後震盪」之後，股價必須維持上漲，它有可能會呈現很深的拉回，甚至是再度破底形成下跌，因此當出現震盪走勢時，運用技術分析的重點，在於觀察股價是否能夠守住多頭的重要支撐(防線)，守得住支撐，再度出現多頭表態後切入操作，才是標準的操作策略，這些條件沒有同時成立，操作的風險將會相當高。

《圖 1-19》關卡前後的震盪整理範例之一

接著我們看《圖 1-19》英群股價的走勢，幫助投資人了解關卡前後震盪的思維。在討論該檔技術走勢圖以前，先複製在筆者網站中與網友討論該股波動的一些敘述。

在2005/12/18當天回應文章時：「該股理應尚差一個波段的上漲過前高點15.6元以上，攻擊力道夠，也可以順勢突破17.2的價位，中線目標先訂在那邊(指15.6元)，接下來就可以尋找適當的切入點了。

目前的整理，建議以短期整理的走勢，其下降壓力線作為突破的觀察。正常而言，還需要一點時間的調整，該股可以列入觀察名單之中。」

在2005/12/30當天回應文章時說：「今日有一個跳空缺口，這一個缺口不補，短線多頭就可以隨時發動。中線的角度是會創前高15.6元的。」

接著說明為何會有這樣推演的思維。從圖形中可以找出下跌段裡的兩個壓力，標示A與標示B都是是震盪後下跌，因此這裡可以視為一個套牢的壓力帶，當挑戰這裡時，很容易出現賣壓(解套與短線獲利的賣壓，下一個單元再詳述)，但是標示B的壓力已經被突破了，根據股價的慣性，通常會進入短線的震盪。

標示C的方框即是突破標示B壓力之後的震盪走勢，因為這是關卡後的震盪，對多頭而言，相對比較有利，再觀察震盪的過程維持在相對高檔，也是屬於對多方有利，自然在網站討論區與網友討論時，筆者會比較傾向多頭的角度推論，請各位對照圖形中標示日期的位置，與發言的時間、內容進行比對。

那麼又為什麼可以推論股價可能挑戰的目標區會在15.6元呢？這是從調整走勢的強勁推論作線主力的企圖心，再加上一點測量學的運用。如果主力企圖心不夠強烈，就不會在標示C的位置做出對多頭有利的調整走勢了。

很顯然的，股價就在2005/12/30的隔一天，出現「**多方試探**」的線型，且從此處拉出一波上漲，雖然上漲過程中非常強勁的以漲停鎖死表示，但是標示A就是既定的目標區，不會因為走勢強勁而改變，除非在突破標示A的壓力之後，仍然維持一個強勢，這樣才能將目標向上移動。投資人往往會被當時漲停鎖死的走勢所迷惑，導致過度樂觀而忽略突破壓力後的股價慣性。

實際走勢則是在2006/01/06穿越中線目標15.6元當天，同時暴出大量呈現長黑止漲，接著就進入如標示D的震盪走勢，若是過度樂觀在這裡追逐買進，豈不是要承受短線套牢，萬一不幸股價產生反轉，損失豈非更加嚴重？為什麼不在起漲點出現多頭攻擊時就大膽切入呢？因此要擺脫錯判、錯買的散戶宿命，就只有學習技術分析，認識股價波動的原理啊。

請看《圖1-20》。精業股價從45.1元下跌到19.9元的這一段過程中，分別在標示A與標示B呈現震盪，因此可以假設這裡為壓力所在。其中標示A的整理時間較久，上下震

《圖 1-20》關卡前後的震盪整理範例之二

盪的幅度較大，與標示B比起來，很顯然的，標示A的壓力會比標示B的壓力重得多。

當股價從 19.9 元開始盤堅震盪，再走出強勢攻擊的模式，最後攻克標示B的壓力區間，並撞進標示A的壓力區間帶裡面，但是沒有將標示A的整個壓力吃掉，這是多頭走勢的敗筆，接著標示C的震盪也屬於相當合理的走勢反應，因為過一個壓力且撞進另一個壓力，本來就會有短線賣壓。

為什麼會認定上漲到標示C時屬於多頭敗筆？因為留下一個壓力沒有突破，造成標示C的震盪，既是關卡後也是關卡前，未來就算C的上緣被突破，但是緊接著就要面臨標示A的壓力，上攻的力道容易受阻，風險相對較高，因此類似像這樣的走勢在切入時，除非有相對的利多來刺激，否則通常不列為首要的選擇標的。

請看《圖 1-21》。彰銀股價的走勢圖也是屬於關前震盪。標示 A 是當時離 14.65 元低點最近的整理區間，因此在上漲過程中第一個要面對的便是標示A的壓力，當標示B的線圖撞進標示A的壓力帶之內，卻沒有將整個標示A的壓力吃掉就進入震盪，我們就可以稱為這是「**關前震盪**」。

操作關前震盪的個股，其風險性較關後震盪高，因此在出現多頭發動時，如果要切入該股，除了當時發動的相對位置需要琢磨之外，最好也能夠配合利多消息的刺激，尤其是同一個族群同時發動，力道會相對的較為強勁，而關前震盪的發動，通常比較不會產生延伸的走勢，因此當目標滿足時，建議不必過於戀棧。

《圖 1-21》關卡前後的震盪整理範例之三

至於關卡前後震盪的變化其實相當多，無法一一詳細列舉，投資人可以依照書中所述原則，進行推演、思考種種不同的變化，熟能生巧之後就可以駕輕就熟的研判合理與不合理的走勢，且能輕易的分辨出操作過程所可能呈現的風險高低。

多空走勢研判的絕竅

在股價漲跌的過程中，自然會在其運行的軌道上，留下不同的多空關卡，如果將多空走勢分別視為兩個軍隊，那麼其關卡就是兩個軍隊分別留下的堡壘、防線。

我們嘗試以兩軍爭戰的模式探討股價多空行為時，請參考《圖 1-22》。當多頭的軍隊攻擊力道不足時，自然無法一股作氣將空方所設下的防線(標示 A)給攻破，所以先行在標示 A 的防線之前，即標示 B 的位置集結兵力以待攻擊時機。但是最怕多頭軍心渙散，在還沒有集結完成前，多方的兵馬就逃離前線(股價呈現的是再度破底)。

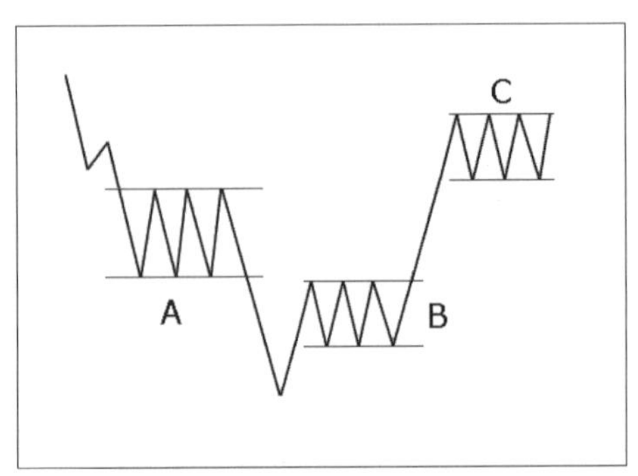

《圖 1-22》突破壓力關卡後的整理

當多方集結兵力完成(即保持對多方有利的震盪調整)，在適當的時機(當時的時空背景對多方有利)便可以揮軍北上，攻擊空方所設下的A防線。然而兩軍交戰必定會出現傷亡，也會有人厭戰而逃離戰場，當多方軍隊佔領空方軍隊的A防線之後，已經取得勝利，如標示C所示。但是這時的勝利，是已經讓多頭潰不成軍，還是保有餘力可以繼續北伐？

這時只要觀察多方軍隊的動態就可以明白。如果多方軍隊的陣容依然整齊、紀律嚴明，那麼代表多頭受傷不重(股價維持在高檔震盪)，等待休養一陣子，並接受後方補給之後，便可以繼續往空方的下一個堡壘前進；如果多方軍隊在攻克空方陣地之後，自己受傷慘重，軍隊潰不成軍，恐怕整個軍隊都要回到大後方重新整軍、補給(即拉回修正幅度較深)，才有再度上攻的力氣。

萬一沒有將空方堡壘吃掉，只攻到一半就消耗掉戰力，如果領軍者企圖心仍強，就在前線死守等待補給完成再攻，假設企圖心不夠強烈，搞不好就解散軍隊，讓空頭長驅直入了。因此也可以將多方攻擊空頭堡壘的走勢，用來定位多頭的企圖心。投資人不妨將股價走勢的波動，作如此的推想，學習起來不但有趣，更可以掌握到波動的精髓。

接著我們將這樣的想法，套入實際的股價波動進行推演，請看《圖 1-23》。統一股價在標示 A 是屬於下跌過程中的震盪調整，當股價從9.15元的低點開始向上彈升時，第一個面對的壓力就是標示A的關卡。當股價撞進標示A的壓力帶之後，便開始出現如標示 B 的震盪。

《圖 1-23》關卡與股價調整走勢的對應關係

在標示B的震盪走勢屬於在標示A的關卡前，在這裡急著進入操作的風險比較高，因為當股價穿越標示A的壓力之後，仍然會反應拉回的走勢，更何況現在為多空不明的狀態。我們可以從圖形中的走勢驗證這樣的說法，當股價調整結束脫離標示B的區間之後，股價穿越整個標示A的壓力帶，接著股價就迅速拉回，進入標示C的震盪調整走勢。假設投資人已經明白這樣的走勢邏輯，在突破標示B的整理區間時介入，就可以在穿越標示A的壓力之後，呈現短線轉弱時退出觀望。如此不但可以規避標示C的調整，甚至避開可能出現的反轉走勢。

而標示C的調整既然已經將標示A的壓力克服，調整過程中若沒有出現盤頭走勢，或者是將多頭上攻趨勢打壞，那麼當調整走勢結束之後，就會宣洩多頭在調整過程中所蓄積的力道，股價也會對應比較明顯而且比較強勢的上漲走勢。

多空走勢的對壘，其變化相當多元，絕對不只如以上所闡述的例子而已，以多方為例，我們可以將多頭走勢中的解套過關模式區分為：**一段式拉抬過關卡、二段式拉抬過關卡與三段式拉抬過關卡。這些走勢強弱程度，在正常情形下，分段少者代表力道較強，分段多者力道較弱**，如果以空方的角度進行思考，則只要將舉例的圖形與意義倒轉過來研判即可。

我們先以《圖1-24》探討關於一段式拉抬過關卡的標準走勢。圖中在下跌過程中的震盪區間為空方關卡，見低點後形成正反轉讓股價上攻，而股價一路上漲等到穿越空方關卡之後才進入震盪。

這種利用一段上漲就突破空方關卡的走勢，代表的是多頭力道較強，在突破壓力的震盪過程中，如果壓回不深，未來再出現多頭表態的走勢時，往往會對應出現較大波段的漲幅，因為一段式過關的第一段幅度通常會比較大，同時具有初升段的含義，自然在未來利用黃金螺旋進行測量時，其反應出來的漲幅也相對的會比較大。

如果後續上漲並沒有對應出比較強的走勢，請特別提高作多的警覺性，因為這並不符合常理，必要時，請採取逆向

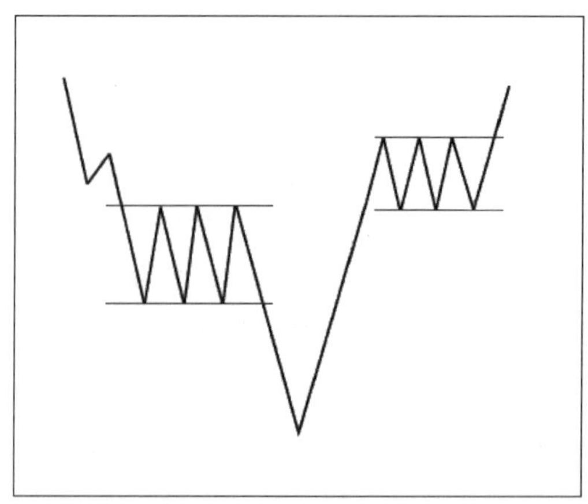

《圖1-24》一段式拉抬過關卡

思考的自我保護措施，以避免出現操作上的虧損。

請看《圖 1-25》，關於一段式拉抬過關卡的範例。凌陽股價從 49 元的高點下跌到 26.1 元的這一段走勢，分別出現標示 A 與標示 B 的空頭關卡。當股價從 26.1 元出現正反轉時，第一個遭遇的關卡便是標示B，因此在當時走勢只先針對標示 B 的關卡討論。

《圖 1-25》一段式拉抬過關卡的範例

從圖中可以很明顯看見標示B的壓力關卡，被一個上漲的波段直接突破，接著便進入如標示C的震盪。這便是一段式拉抬過關卡的標準走勢，暗示當時的多頭相對強勁，作線主力的企圖心也較為積極，因此當股價突破標示C的震盪區間時，投資人宜在嚴設停損的背景下，積極介入操作多單。

接著請看《圖1-26》，探討關於二段式拉抬過關卡的標準走勢。圖中在下跌過程中的震盪區間為空方關卡，見低點後形成正反轉讓股價上攻，股價漲勢在撞進空方關卡後受阻，但是並未轉弱回跌，接著再上漲穿越整個空方關卡之後才進入震盪。

這種走勢相較於一段式拉抬過關卡的模式為弱，但是只要在第二段的震盪之後仍然出現多方表態，也可以出現相當不錯的上漲幅度。一般仍然會以第一段走勢為初升段進行黃

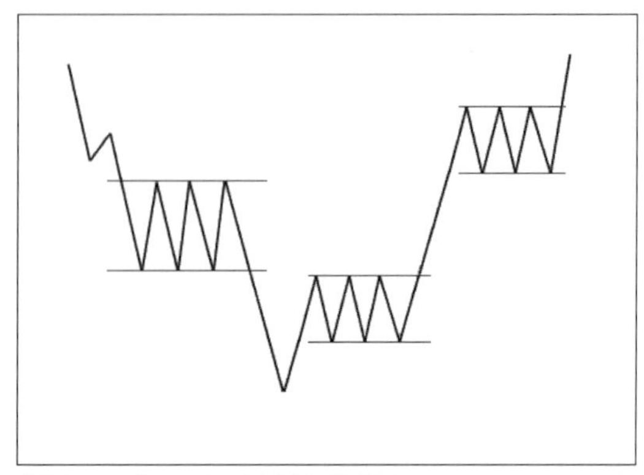

《圖1-26》二段式拉抬過關卡

金螺旋的測量，同樣的，在第二個震盪之後的多頭表態，如果沒有出現「**該回不回**」的走勢，就必須提防多頭表態將會失敗。

請看《圖1-27》關於二段式拉抬過關卡的範例。遠百股價在5元低點以前的走勢，只有在標示A出現一個比較明顯的震盪區間，因此這裡就可以定為壓力關卡進行觀察。當股

《圖1-27》二段式拉抬過關卡的範例

價從5元低點出現正反轉走勢之後，面對關卡的表現是先撞進去標示A內部，接著再出現如標示B的震盪走勢。

在標示B的震盪過程，並沒有破壞多頭上漲結構，故可以假設對多頭相對有利，當股價可以突破該震盪區間的走勢時，暗示多頭企圖心強烈，但是第一段攻擊走勢並沒有將標示A的壓力整個吃掉，因此在穿越標示A時，正常的情形下仍然會反應過壓力關卡後的震盪。

標示C正是穿越壓力後的震盪。震盪過程中想要作多的操作者，必須仔細觀察是否會將多頭支撐破壞，如果被破壞則需懷疑走勢進行盤頭，沒有破壞則等待多頭表態，並伺機介入操作多單。

最後請看《圖1-28》探討關於三段式拉抬過關卡的標準走勢。圖中在下跌過程中的震盪區間為空方關卡，見低點後

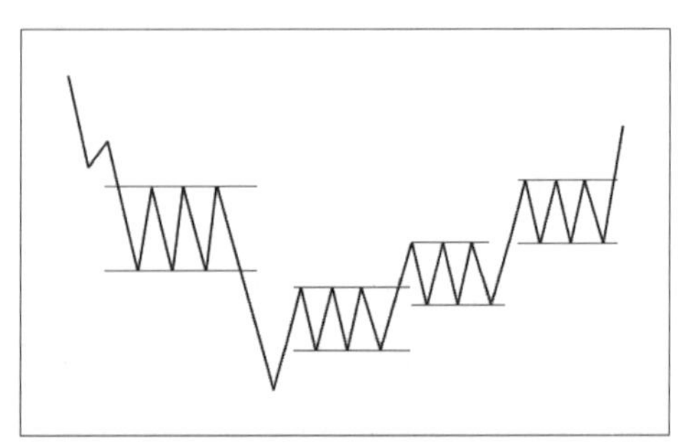

《圖1-28》三段式拉抬過關卡

形成正反轉讓股價上攻，股價漲勢在空方關卡前受阻，但是並未轉弱回跌，接著再上漲撞進空方關卡內，但是並沒有穿越空方關卡股價就進入震盪，震盪時仍維持多頭優勢，最後股價穿越整個空方關卡之後又進入震盪。

這種利用三段拉抬才穿越空方關卡的走勢，是屬於突破過程中最弱勢，正常而言，未來反應的漲勢也容易受阻，因此在選股時，這種走勢往往被列為最後選擇。至於測量時也是選擇第一段作為黃金螺旋的測幅。

請看《圖1-29》關於三段式拉抬過關卡的範例。亞泥股價在10.75元低點以前的走勢，在標示A出現一個比較明顯的震盪區間，因此這裡就可以定為壓力關卡進行觀察。當股價從10.75元低點出現正反轉走勢之後，面對關卡的表現為先撞進標示A內部，接著再出現如標示B的震盪走勢。

在標示B之後又出現多頭表態，股價繼續挑戰標示A的壓力，但是多頭攻擊的力道顯然不足，只攻到標示A的上緣，形成等高點之後就進入震盪，亦即在標示C已經出現兩次波段上漲與對應的震盪，都無法將標示A的壓力整個吃掉，代表走勢較弱，亦代表該股並非當時的主流類群。

《圖 1-29》三段式拉抬過關卡的範例

在標示C的震盪依然維持多頭的優勢，最後再利用一段拉抬終於將標示A的壓力吃掉，接著便出現標示D的拉回震盪，這段震盪比較劇烈是可以理解，畢竟攻過壓力關卡的走勢並不乾脆俐落，突破關卡後所湧現的賣壓也會比較大，但是只要在壓回過程守住多頭上漲趨勢，那麼在突破標示C的震盪關卡後，依然會出現波段漲勢。

在討論完過關卡的基本模式之後，不知道投資人是否會出現這樣的懷疑：**挑戰關卡一定會成功嗎？答案當然是「不一定」**。挑戰關卡後，出現震盪走勢是合理行為，但是震盪過程中如果破壞多頭的支撐結構，那麼這些挑戰過關卡的行為只能被視為對前波壓力解套而已。所以並非挑戰關卡後，必然會再發動一波漲勢，在這裡便要舉出挑戰失敗的例子，分別是：**未撞關卡再破底、撞進關卡部分解套後再破底與撞過關卡完全解套後再破底**這些模式。

請看《圖 1-30》探討關於未撞關卡再破底的標準走勢。圖中在下跌過程中先出現一個震盪區間，為行進間走勢中的最後一個空方關卡，見低點後形成正反轉讓股價上攻，股價

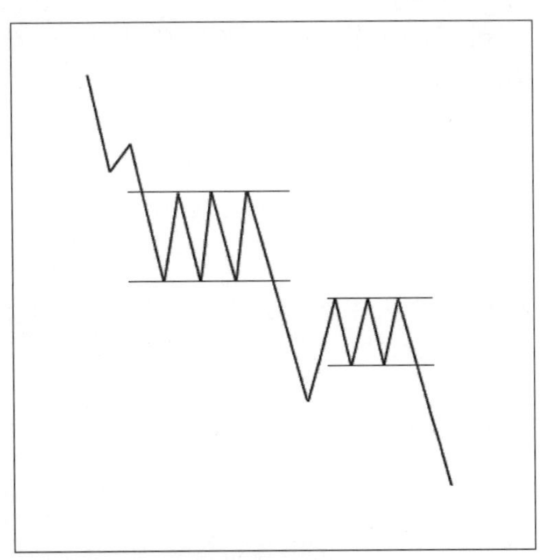

《圖 1-30》未撞關卡再破底

漲勢在關卡前受阻，並沒有觸及該關卡就進入震盪，震盪過程中不幸再度出現下殺走勢，並使股價形成破底。

出現這樣的走勢，對於已經理解股價波動原理的操作者，並不會介入而導致操作上的損失，最怕對於股價走勢一知半解產生誤判而介入。當再度破底時，最後的震盪又形成新的壓力值，未來再度出現正反轉的股價反彈時，觀察的重心必須要移動到新的壓力值。

請看《圖1-31》關於未撞關卡再破底的範例。標示A是屬於股價下跌過程中的震盪波動，這裡可以被定位成為壓力區間帶，股價反彈過程中尚未接觸到標示A的壓力區間帶，股價就開始進入如標示B的震盪走勢。震盪過程中若能守住多頭支撐，便可以向上挑戰標示A的壓力，支撐守不住仍會有再度破底的危機。

所以在標示B不算是最佳的多頭介入點，因為股價向上挑戰不一定會撞過標示A的壓力，就算將整個壓力吃掉也會呈現拉回，故在此介入不容易產生比較顯著的波段利潤，並且會有挑戰壓力失敗再破底的風險，對於保守型的操作者，這種尚未將壓力挑戰過關的個股，不宜列為優先介入的選擇。

《圖 1-31》未撞關卡再破底的範例

接著請看《圖1-32》探討關於撞進關卡部分解套後再破底的標準走勢。圖中在下跌過程中先出現一個震盪區間，為行進間走勢中的最後一個空方關卡，見低點後形成正反轉讓股價上攻，股價漲勢在撞進關卡後受阻，但是並沒有將整個關卡吃掉就進入震盪，震盪過程中，不幸再度出現下殺走勢，並使股價形成破底。

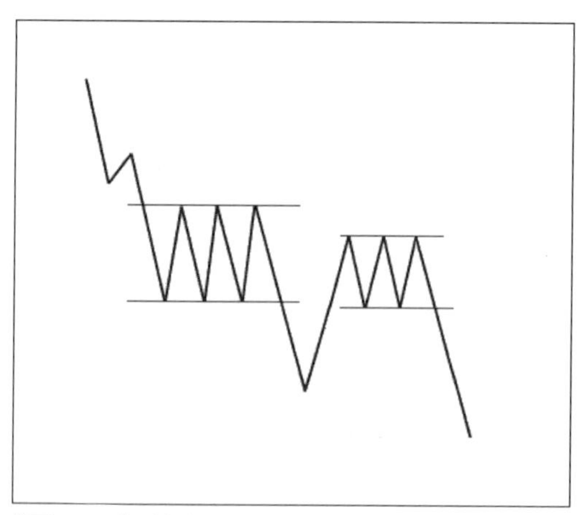

《圖1-32》撞進關卡部份解套後再破底

出現這樣的走勢，暗示這一段上漲是屬於「**逃命**」，也就是前一波來不及退出的人，利用這一段上漲逢壓時先行退出，因為沒有將整個壓力吃掉，故定位在於部分解套。在多單退出後因為沒有新的承接者進場，或是因為主力根本沒有想要操縱該股的意圖，導致上攻的力道減緩，最後導致股價反轉下跌且再度破底。而當再度破底時，這一段逃命的走勢將形成新的壓力值，故未來再度出現正反轉時，觀察的重心必須要移動到新的壓力值。

請看《圖 1-33》關於撞進關卡部分解套後再破底的範例。標示A是屬於股價下跌過程中的震盪波動，當股價出現正反轉向上反彈，撞進標示A的壓力區間帶裡面時，代表已經將標示A的壓力作了部分解套，解套有兩種涵義：**一是解**

《圖 1-33》**撞進關卡部份解套後再破底的範例**

套完後洗盤修正再度作出多頭攻擊；一是作線者拉高解套之後，退出該股的意思。前者股價將再度上攻，後者股價則是反應破底。本範例在標示B撞進壓力解套之後，竟盤出一個頭部型態下殺，就算沒有破底，回檔幅度也會相當深，因此短線上沒有做多的考慮。

最後請看《圖1-34》探討關於撞過關卡完全解套後再破底的標準走勢。圖中在下跌過程中先出現一個震盪區間，為行進間走勢中的最後一個空方關卡，見低點後形成正反轉讓股價上攻，股價漲勢將整個關卡壓力吃掉後進入震盪走勢，震盪過程中不幸再度出現下殺走勢，並使股價形成破底。

出現這樣的走勢，暗示這段上漲已經幫前波套牢者做完全解套，並且再度製造出新的一批套牢者，這樣的壓力相對

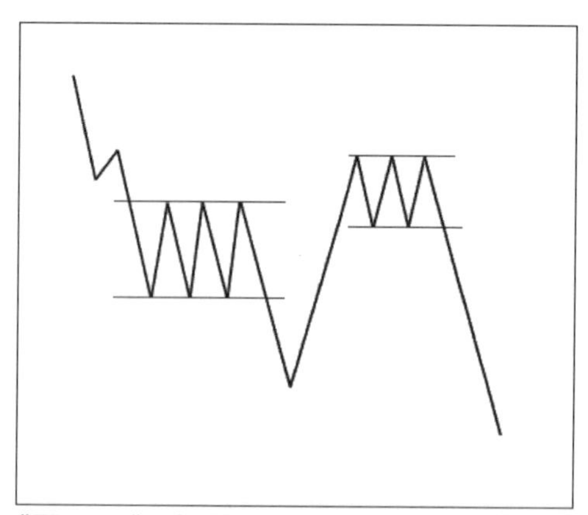

《圖1-34》撞過關卡完全解套後再破底

較重，因為過關後會使投資人誤以為走勢已經翻多，進場作多的操作態度會相對積極，產生的套牢壓力自然就比前一次相對沉重了。為了避免產生這種模式的誤判，宜清楚認識K線的變化邏輯與浪潮波動的模式，一般散戶投資人則是等待突破表態時進行切入，不但效率最好，安全性也較高。

請看《圖 1-35》關於撞過關卡完全解套後再破底的範

《圖 1-35》撞過關卡完全解套後再破底的範例

例。標示A是屬於股價下跌過程中的震盪波動，跌破標示A的區間後股價以急殺的方式向下，接著再以急漲方式向上反彈，反彈過程中將標示A的整個壓力吃掉，接著就進入標示B的震盪走勢。

依操作原則，這裡是可以準備介入操作多單，因此必須注意修正過程中是否出現突破表態，或是在拉回過程中出現盤底的走勢，如果出現上述的多頭現象，才是買進訊號。事實上，從標示B開始拉回修正以來，並沒有出現可以提供操作者介入的訊號，因此就不需要積極操作。

這種走勢在相對高檔其破底的機率會提高，在相對低檔的位置，出現再度破底的機率不高，但是並非絕對不會再破底，因此投資人在出現股價波動對多方有利時，仍須保持戒心等待可靠的訊號。

指數期貨與個股的波動實例

當我們將股價波動邏輯有了大致了解後，就可以進行實例的推演與思考，這些工作應該每日持續進行，投資人可以運用歷史的線圖進行模擬，或是在股價行進間進行實際推演，長時間累積下來的觀察心得，將會是未來投資金融商品的最佳後盾。換言之，當我們具備基本觀念之後，想要將這些觀念熟悉，別無他法，只有花時間努力一途，這些工作需要自己完成，別人無法插手幫忙。

接著我們將本章的重點，嘗試用幾個簡單的例子進行推演、思考。投資人在剛開始也可以這樣嘗試，後續的練習就必須要跳脫書本範疇，並整合出自己的推演邏輯了。任何商品的價格波動，只要是能夠以K線圖（或是折線圖）呈現，書本中的觀念與法則就可以套入研判，適用性的問題請投資人無須擔憂。

請看《圖 1-36》。我們以台灣加權指數期貨的 30 分鐘線圖進行說明。台指從 6479 開始下跌以來，分別出現大大小小不同的震盪走勢，其中標示C是針對標示B部分解套後再破底，標示D是針對標示C部分解套後再破底，標示E是針對標示D部分解套後再破底，而標示F、G則是下跌過程中的小震盪，壓力較小，相對的比較容易被突破。

《圖 1-36》加權指數期貨的波動範例之一

接著請看《圖1-37》。台指股價從5611低點開始反彈的過程中，將整個標示G和標示G底下的壓力全數克服後，進入震盪拉回的修正走勢，也就是標示P。在這裡投資人應該要開始觀察短線多頭是否有轉弱跡象，如果轉弱跡象不明顯，且又守住多頭支撐，那麼當多方再度表態時，就可以積極介入。

《圖1-37》加權股價指數的波動範例之二

利用黃金螺旋計算第一個目標區：（5916－5611）×1.618＋5611＝6104。如果目標區滿足，就可以穿越標示F的壓力，並撞進標示E的壓力裡面。因為標示F的壓力容易被克服，因此我們可以估計1.618倍幅目標滿足的機率很高，簡單的計算後發現將近有：6104－5916＝188點的空間，故值得短線介入。

請看《圖1-38》。台指股價在穿越壓力後震盪，並再度

《圖1-38》加權股價指數的波動範例之三

發動攻擊走勢，果然如預期的穿越1.618倍幅的目標，同時也撞進壓力區內，如標示A所示。在標示A之後股價雖然持續震盪向上，但是走勢顯然相當崎嶇，其原因可以從線圖找到答案，理由便是前波有大大小小的套牢壓力，股價在上攻過程中，重複突破拉回的動作，自然的股價就無法一路順利推升。

標示B在震盪突破後，可以有一小段急拉，是因為離下一個壓力具有相當空間，造成股價上漲不受阻力的羈絆。最後在標示C將這一段走勢中所有的壓力克服，同時也完成的第一段上漲的2.618倍幅，從這裡之後，股價走勢的風險將會越來越高，操作多單時需要更加謹慎。

請看《圖1-39》。華宇股價在低點5.45之前，在標示A是一個空方的壓力關卡，股價從5.45開始起漲，利用震盪模式將標示A的整個壓力吃掉，這一段走勢從浪潮的角度是屬於同一個波浪，故可以定位在一段式拉抬過關卡。

當突破標示A的壓力之後進入如標示B的震盪，震盪的最高點為7.48元，當針對此處以「**多方試探**」進行多頭攻擊時，暗示震盪結束，股價將進行多頭的另一個波段的攻擊，此時我們計算第一個黃金螺旋的目標＝（7.48－5.45）×

《圖 1-39》個股股價波動的範例之一

1.618＋5.45＝8.73元，在標示C被穿越了，且股價立即進入劇烈震盪，暗示上攻力道受阻，短線宜在股價走勢不明朗的背景下先行退出觀望。

請看《圖1-40》。精元股價除權後在標示A的位置，先震盪約三個月的時間後，破底跌到最低點21元，隨即出現強勢拉抬，突破標示A的壓力區間帶，接著進入如標示B的震盪整理，其區間最高價為25.1元。

當股價突破標示B的整理區間時，暗示股價將往黃金螺旋的目標前進，我們分別計算出1.618倍幅的目標27.63

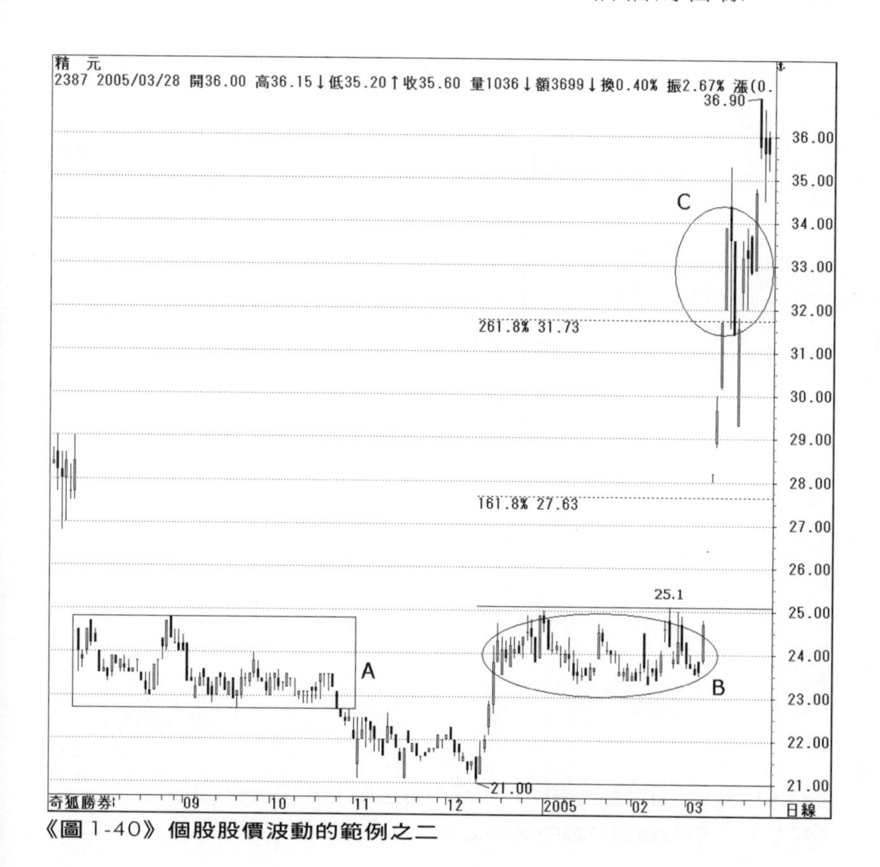

《圖1-40》個股股價波動的範例之二

元，與2.618倍幅的目標31.73元，當股價穿越1.618倍幅目標之後並沒有出現賣出訊號，我們就可以假設股價將往下一個目標2.618倍幅前進。穿越2.618倍幅後出現如標示C的激烈震盪，即暗示在這裡會有短線賣出訊號。

請看《圖1-41》。彰銀的週線圖中，最高點為195元，高點前在標示A為一個區間震盪，故為多頭支撐，當股價從

《圖1-41》個股股價波動的範例之三

高點下殺跌破這一個區間之後，股價理應進入震盪走勢，亦即標示B，當標示B的區間低點被跌破時，暗示股價將持續下探，計算黃金螺旋的1.618倍幅目標值為54.23元，在標示C穿越滿足後，股價再進入震盪走勢，因此為合理的波動模式。

請看《圖1-42》，威盛股價的週線圖從629元的高點轉

《圖1-42》個股股價波動的範例之四

折向下後，在標示C跌破標示B的支撐，但是並沒有出現反彈，反而宣洩下殺力道，直到標示D撞進標示A的支撐區間後，股價才出現一波反彈。而標示E出現反彈，是因為股價將標示A的壓力整個吃掉後，所出現的正常走勢。

如果我們以最高點到標示D，視為一個波段進行黃金螺旋的測量，顯然相當不合理，因為計算出來之後的數據會出現負值，因此在計算過程時需要注意測量的合理性，並根據實際狀況調整測量工具，或是重新取段測量。關於這一部份的解決方案，將在下一本書——《主控戰略波浪理論》中，得到答案。

請看《圖1-43》。在翔昇股價的週線圖中，標示A是壓力區間，標示B是將整個壓力克服後出現的震盪，投資人要注意的是震盪是否對多頭有利，且接著是否可以出現多頭的攻擊訊號。當出現攻擊訊號時，我們就可以積極介入，因為利用第一段波幅計算黃金螺旋的目標，1.618倍幅目標在23.76元，2.618倍幅目標在32.76元，當在突破18.2元高點的那一瞬間切入，只要沒有跌破停損觀察點，最差也有5元以上的利潤。

利用週線觀察，操作的輪廓可以拉長，這樣不但減少進出的次數，也會減少研判錯誤的機會，而每一次操作的幅度(利潤)也會相對的擴大，投資人不妨可以從週線圖來嚐試做切入。

《圖 1-43》 個股股價波動的範例之五

重點整理

一、只要能夠適當的解讀並幫助投資人認識股價的波動，那麼就是良好的技術分析方法。

二、一般的散戶投資人，最佳的買進點是在調整走勢結束後，發動的瞬間執行切入。

三、股價會產生轉折進行調整的位置，約略可以分成兩大類：

(1)目標滿足。

(2)挑戰關卡。

四、測量的目的，是告訴投資人現在股價可能處於何種相對位置，在操作上可能承受的風險值大概有多少，至於是否滿足目標，則是充滿了不確定性。

五、在運用測量學的過程中，重視是否合乎股價波動原理，只要可以適當的詮釋關於股價波動的物理性質，就是一個良好的測量依據，投資人無須計較測量結果所產生的細微差異。

六、我們可以將多頭走勢中的解套過關模式區分為：一段式拉抬過關卡、二段式拉抬過關卡與三段式拉抬過關卡，共三種基本模式。

長線的研判與波段操作法則

許多投資人面臨低檔進場時機時，在悲觀的氣氛下，總會出現疑慮與猶豫，導致思考的範圍太多太廣，以致於錯失較佳進場點；在樂觀的氣氛下，卻又因為忽略相對位置所帶來的危機，導致思考時忽略已經有出貨的事實，進而喪失安全的退出時機。

其實在金融市場中，想要投機致富是可以很容易，只要做對兩件事：**一、選對時機進場。二、買對股票。**掌握了這兩個要素之後，操作的標的物就容易出現利潤，那麼接著只要在恰當的時機實現獲利即可。更詳細的操作法則，將留在第 4 章說明。

想要選對時機進場，除了運用第 1 章的波動原理進行觀察之外，本章更針對轉折時間的統計進行研判，也從月線的角度，利用簡單的指標觀察恰當的切入點，說明三段漲跌論與哈茲法則的運用技巧，在研讀完本章後，相信投資人會對於掌握買進時機有更深一層的體驗。

轉折時間的統計

在2005年10月中旬，在筆者的網站「主控戰略中心」的〈每日盤後貼圖〉討論區中，曾經提出關於長線的看法，轉述如下：「今年第四季，理應成為台股中長線買點之一。現在適不適合買股票？我認為是適合的。但並非最佳的進場時機？我認為仍有待商榷。部分類股因為季節性需求，是可以酌量佈局，大部分個股則是在盤底期，盤底期買入不是最有效率的操作方式（就散户而言），因此投資人不妨等待個股的盤底期確認結束之後，進行有效率的操作。」

這段文字在每日貼圖的文章中持續重複，沒有更改過。2005年10月21日開始更說：「個人傾向10、11月是一個轉折低點(目前假設10月)。」當時在盤後貼圖的文章中，並沒有詳述這樣假設的理由。只約略提到與外資動向、資金流動和日股漲勢有些關聯，雖然當時股價走勢一路向下探底，這樣的假設並沒有隨著悲觀氣氛而改變，因為既然是長線格局的等待作多時機，就沒有必要因為短線(指日線)的變化而更動假設。

後來筆者在2005年10月30日星期日下午2點於朝陽科技大學推廣教育中心舉辦一場免費的討論會中，依然強調這樣的研判，會場中議題亦提及可以注意奇美電的股價走勢，運氣很好的，在隔天(即2005/10/31)加權指數就出現一筆中長紅棒線，從此奠定了波段上漲的走勢。

請看《圖2-1》，加權指數在2005年10月31日時出現一筆中長紅棒線，量價齊揚上漲131點，自此開始拉抬一個上漲波段，從小圖中觀察，正好使月線格局的K線圖，10月份形成最低點的轉折K棒。

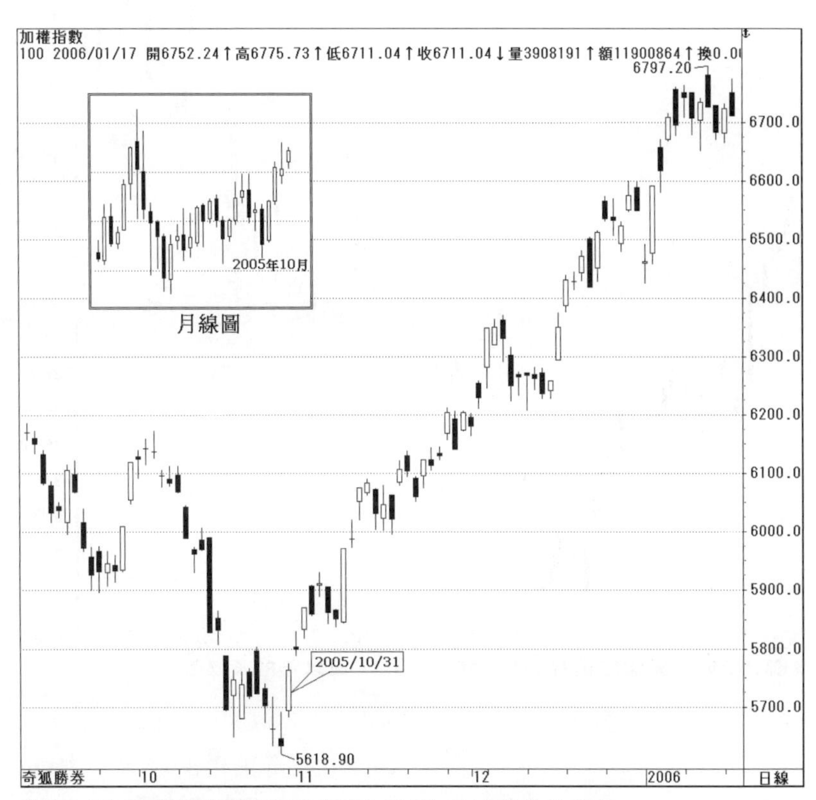

《圖2-1》加權指數在2005年10月31日以後的K線圖

請看《圖 2-2》。奇美電在 2005 年 10 月 31 日，與加權指數同步出現一筆中長紅棒線，並對前波負反轉高點形成「**多方試探**」的攻擊棒線，使短期底部成立，亦即為短線最佳介入點。

《圖 2-2》奇美電股價在 2005 年 10 月 31 日以後的 K 線圖

那麼對於加權股價假設10月會成轉折的依據在哪裡呢？筆者曾經對台股漲跌的轉折做過統計，請看《表2-1》。

表2-1 台股低點轉折時間與漲幅表(製表時間2006/01/17)

低轉折時間	漲 幅	低轉折時間	漲 幅
1971年04月	28.7%	1993年01月	64.3%
1971年08月	46.9%	1993年03月	79.6%
1972年08月	231.8%	1994年03月	41%
1974年12月	127.3%	1995年08月	129.2%
1975年12月	42.6%	1997年10月	33.2%
1976年10月	52.3%	1999年02月	60.6%
1977年05月	119.3%	1999年08月	53.5%
1979年01月	30.5%	2000年12月	36%
1980年06月	24.8%	2001年09月	90.1%
1982年08月	130%	2002年10月	33.7%
1985年07月	654.2%	2003年04月	76.4%
1987年12月	293.3%	2004年08月	19.3%
1989年01月	173%	2005年04月	16.5%
1990年10月	156%	2005年10月	?
1991年10月	35.4%		

我們將台灣股市上市以來，從月線的角度進行統計，成為明顯的正反轉低點的月份和後續的漲幅大小，如《表2-1》所示，根據統計，當出現月線正反轉時，最少的上漲幅度為16.5%，也就是如果當時的指數在5000點附近時，那麼最少也有5000×0.165＝825點的空間，這800多點的空間反應到個股漲幅，只要選對股票也會有3成以上的幅度，換句話說，只要能夠恰當的掌握到加權形成反轉的可能時間點，並伺機介入個股操作，就可以安全擷取相當不錯的投資報酬率。

接著我們再將《表 2-1》的數據重新排列，依照月份統計形成轉折的次數，形成如《表 2-2》所示。可以發現形成正反轉低點的次數最多者為 8 月份，共有六次之多，其次為 10 月份有五次之多，根據股價循環的特性，歷史有機會重演，而在 2005 年 8 月份時位於相對高檔，但在 10 月份時為相對低檔，故再利用技術分析預估日線可能的走勢，自然可以推斷在 10 月份形成反轉的機會相當高。

表 2-2　台股每月低點轉折次數統計表(製表時間 2006/01/17)

月　份	轉折次數	月　份	轉折次數
1 月	3 次	7 月	1 次
2 月	1 次	8 月	6 次
3 月	1 次	9 月	2 次
4 月	3 次	10 月	5 次
5 月	1 次	11 月	0 次
6 月	1 次	12 月	4 次

但是假設歸假設，沒有人可以斷定假設會等於事實。技術分析中，「假設」的功能與目的在於讓操作者做好應對的措施，萬一假設如預期，那麼原定的操作策略就付諸實行，萬一實際走勢與預期不符，那麼原定的操作策略就不要付諸實行，並且採取反向操作策略或是修正原本的方案，這也是投資專家常說的「事前功課」。

目前這個統計仍持續進行中，它的最大缺點是樣本數不足，容易造成研判上的誤差，當然無論多麼精密的統計都會產生誤差，幸好這種誤差可以經由技術面與策略面進行補足。由於台股的交易時間還不夠長，需要更長時間的統計，投資人不妨以《表2-1》、《表2-2》為統計的起點，持續進行觀察，當累計的時間越長久，代表樣本數增加，這樣的統計數據才會趨於精確。

談到時間轉折，投資人會問到利用節氣觀察變盤是否恰當？關於這一點，筆者持保留的態度，因為農民曆上的節氣並非跟著農曆(即太陰曆，以月亮為週期的時間)呈現，而是跟著太陽曆，也就是一般國曆的日期呈現，比如，節氣中的立夏是在每年國曆5月5日，立冬是在每年國曆11月7日，有時會誤差一天，意思是每到特定時間(日期)，股價就會產生變盤？其實節氣最大的特性，就是具有等距性，至於是否能夠恰當的運用在股價轉折的研判，仍有待市場前輩與投資人加以驗證了。

化繁為簡的長線研判

股市操作格言說：「**長線保護短線**。」意思是在長線的架構下，進行短線的操作，便可以降低操作上的風險。又因為以長線架構進行思考時，所觀察的波段走勢也是以長線規劃為主，因此獲取的投資報酬率就會提高。然而要將長線走勢的變化單純的以K線進行理解，需要一段時間練習，所以一般投資人可以嘗試利用指標輔助觀察，都能夠得到不錯的參考資訊，較常用在長線線圖的觀察指標有RSI 、 KD與均線等。

這些利用價格計算出來的指標中，又以移動平均線最容易取得與理解，此處以三日移動平均線搭配月線圖做一個觀察。在這裡必須強調，投資人可以依照自己的操作習慣或是操作邏輯，建立屬於自己的觀察指標，並非一定依照本單元介紹的用法，而長線上的指標觀察，重點不在提供買賣訊號，而是告訴投資人一個可以依循的方向，操作的關鍵點位仍然需要回歸到日線圖做觀察。

同理可證，如果投資人操作的商品是台指或是選擇權，操作的參考線圖通常用5分鐘線或是15分鐘線，那麼我們就可以將日線圖當做長線，5分鐘線圖當做短線，這樣也可以達到長線保護短線的效果，只是提醒投資人注意，操作的槓桿倍數越高，風險就越高，停損點與停利點的設置就必須更加嚴謹。

請看《圖2-3》。我們在月線圖上畫出三日移動平均線，但是不以收盤價站上或是跌破均線作為參考依據，而是利用均線的轉折為參考，當均線指標轉折向上時，在當筆K線低點畫一個向上的箭頭記號；當均線指標轉折向下時，就在當筆K線高點畫一個圓圈的記號。

從例圖中可以看見這些記號，設計這個指標的目的在於

《圖 2-3》 加權指數月線圖與 3 日移動平均線的轉折關係

記號的隔一筆，是否仍有對應的高點或是低點。比如，當指標轉折向上時，隔一筆(即下個月)的 K 線是否仍創下新高點；當指標轉折向下時，隔一筆(即下個月)的 K 線是否仍創下新低點。從圖中發現大致上都可以成立這樣的條件。

請看《圖 2-4》。這是友達股價月線圖與三日移動平均線的轉折關係，從圖中可以發現當指標轉折向上時，隔一筆

《圖 2-4》友達股價月線圖與 3 日移動平均線的轉折關係

(即下個月)的 K 線通常都還有新高點；而當指標轉折向下時，通常隔一筆(即下個月)的 K 線都還有新低點，且很容易掌握到波段走勢。

請看《圖 2-5》。換檔傳產股來觀察，這是台泥股價月線圖與三日移動平均線的轉折關係，從圖中可以發現當指標轉折向上時，隔一筆(即下個月)的 K 線通常都還有新高點；

《圖 2-5》台泥股價月線圖與 3 日移動平均線的轉折關係

而當指標轉折向下時，通常隔一筆(即下個月)的K線都還有新低點，從這幾個例子發現，不管是人氣聚焦的電子股或是傳產股，利用這一個指標觀察的特性都相似。

為什麼希望在出現指標訊號之後的下一筆仍有高低點？主要的用意是希望投資人在利用日線做買進決策時，萬一研判錯誤產生錯買的動作之後，仍有高點可以提供退出的機會，這樣可以減少停損所導致的損失，甚至不會有任何損失。又因為下個月沒有高低點的比率很小，就算出現這種情形，根據針對實際走勢的觀察得知，轉到日線格局時不容易出現日線的標準買賣點，也就是不會產生買賣點的情形下，自然就不會產生損失。

接著我們便說明指標如何設計，與指標在日線上如何搭配第一章的波動原理進行觀察。

請看《圖2-6》。這個指標名稱為「**MA轉折**」，其設計目的是指標向下時在K線上緣畫一個記號，指標向上時在K線下緣畫一個記號。投資人可以運用市面上提供自訂指標的專業軟體撰寫程式，筆者採用的是「奇狐勝券」的股票專業分析軟體，若投資人使用的軟體不同，撰寫的程式語法會不相同，請投資人自行調整。

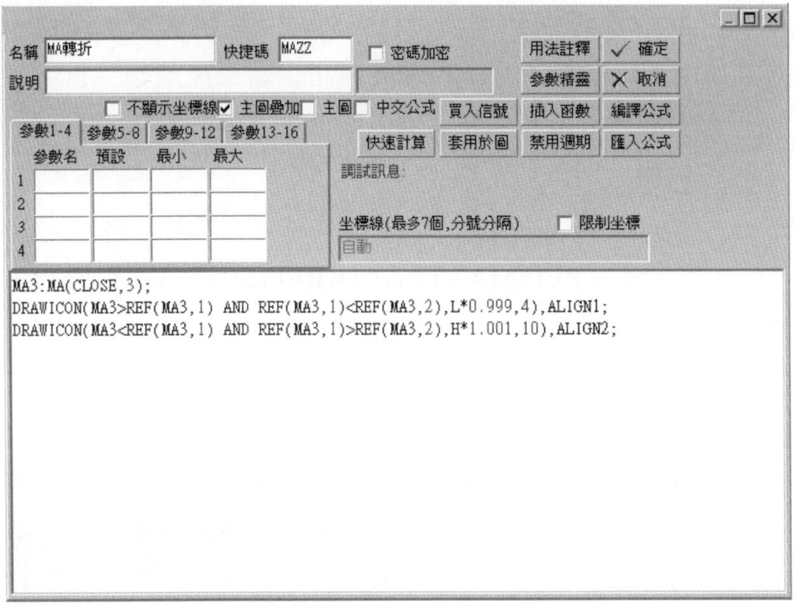

名稱 MA轉折　快捷碼 MAZZ　□ 密碼加密　用法註釋　✓ 確定

說明　參數精靈　✕ 取消

□ 不顯示坐標線 ☑ 主圖疊加 □ 主圖 □ 中文公式　買入信號　插入函數　編譯公式

參數1-4 | 參數5-8 | 參數9-12 | 參數13-16　快速計算　套用於圖　禁用週期　匯入公式

	參數名	預設	最小	最大
1				
2				
3				
4				

調試訊息:

坐標線(最多7個,分號分隔)　□ 限制坐標

自動

```
MA3:MA(CLOSE,3);
DRAWICON(MA3>REF(MA3,1) AND REF(MA3,1)<REF(MA3,2),L*0.999,4),ALIGN1;
DRAWICON(MA3<REF(MA3,1) AND REF(MA3,1)>REF(MA3,2),H*1.001,10),ALIGN2;
```

《圖 2-6》3 **日移動平均線轉折指標**

程式中 MA(CLOSE,3)的意思是計算三日移動平均線，也可以將數字 3 改成變數 N，提供使用者自行輸入，如此一來，指標就不限定使用在三日移動平均線了。

程式中 DRAWICON 的意思是當某條件成立時，在相對的位置畫上喜歡的記號，例如，在 L*0.999(最低價的 0.999 倍)畫上第四種圖案，而 ALIGN 是對齊的模式，可以選擇 1 、 2 、 3 或其他種選項，此部分請參考軟體說明。

至於條件設定中的 REF(MA3,1)是指三日均線前一天的數值，REF(MA3,2)是指三日均線前二天的數值，語法中REF(MA3,1)>REF(MA3,2)翻成口語化的意思就是三日均價前一天的值大於三日均價前兩天的值，亦即到前一天為止，三日均價屬於向上的狀態。

那麼MA3<REF(MA3,1) AND REF(MA3,1)>REF(MA3,2)這句語法就是三日均價從向上轉成向下的意思了。

當程式語法撰寫完之後，先將指標展示在K線圖上驗證，檢查是否如預期的呈現在K線圖上，如果產生錯誤，再進行指標的修正，萬一錯誤無法解決，請使用奇狐勝券軟體的用戶到社區論壇提問，軟體工程師與許多網友都會熱心的幫忙解決。

造成均線轉折的參考價，稱為**均線扣抵價**，這部分的論述請參閱《主控戰略移動平均線》說明。既然我們使用均線的轉折為參考依據，那麼扣抵價才是真正要觀察的價格，因此可以將原本的均線轉折指標加以變化，改成將扣抵價畫在K線圖上，當收盤價在扣抵價之上，就可以知道均線轉折向上，若收盤價在扣抵價之下，就可以知道均線轉折向下。

請看《圖 2-7》。我們將均線轉折指標與均線扣抵指標放在同一個畫面觀察，發現在研判均線的轉折時更加容易。

《圖 2-7》3 日移動平均線扣抵指標與轉折指標

然而月線圖的困擾是時間週期為一個月，不能等到收月線才確認股價站在扣抵價之上，而且在實際操作上，我們切入的買賣點是在日線，因此再利用軟體可以設計程式的特性，將月線的扣抵價畫在日線圖上做參考。

請看《圖 2-8》。當我們將月線扣抵的參考數據畫在日線圖上時，發現操作更是一目了然，比如，在加權 4044.73

《圖 2-8》月均線扣抵指標在日線圖的呈現

點時，月線扣抵值即為上方的水平線，這個數據是這一整個月都不會改變的關卡參考數據，中長線投資人只要觀察該水平線是否能順利突破，就可以推知月K線已經站上扣抵價，月線的三日移動平均線已經轉折向上。

投資人可能會產生疑惑，如何知道突破是真的還是假的？通常真突破都會乾脆俐落，而且會有技術現象上的特性，這部分在《主控戰略》書系中已經強調多次，在此不另贅述，但絕對不是所謂的突破3%、站穩三天以上的這種論調，這種偏差的說法投資人可以早早揚棄。

那麼我們如何設計將月線參考數據畫在日線圖上的指標呢？請參考以下的說明。

要讓指標轉折，觀察的是扣抵價，而扣抵價的公式是N日前的收盤價，比如我們要找三日移動平均線的扣抵價，就是找從今天算起前三天的收盤價，同理，要找二十一日移動平均線的扣抵價，就是找從今天算起前二十一天的收盤價，其餘以此類推。

當我們要將月線的數據畫在週線或是日線圖上時，必須先建立一個可以提供引用的獨立公式。請看《圖 2-9》。

公式名稱為 00 ，程式語法為 A01:ref(C,3);

A01 是一個自訂的程式代號， ref(C,3)就是判斷式的程式語法， ref(C,3)是指取出前三天的收盤價。

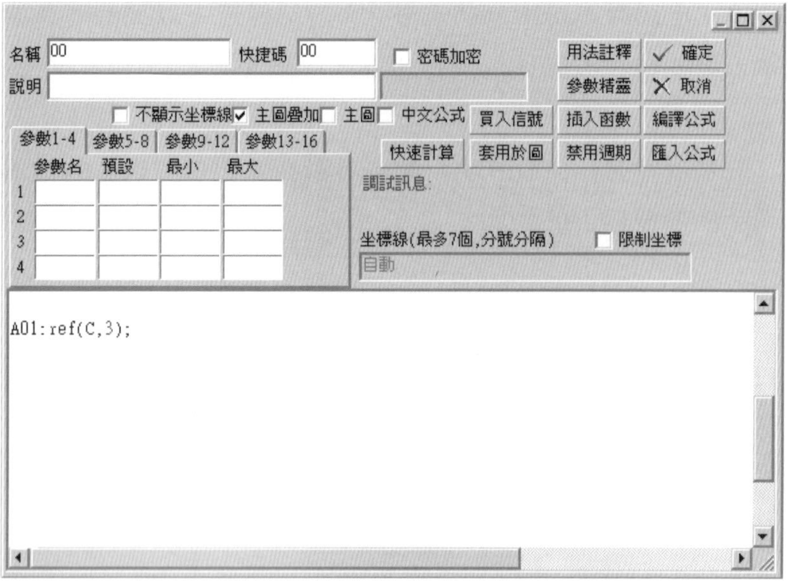

名稱 00 快捷碼 00 密碼加密 用法註釋 確定
說明 參數精靈 取消
不顯示坐標線 主圖疊加 主圖 中文公式 買入信號 插入函數 編譯公式
參數1-4 參數5-8 參數9-12 參數13-16 快速計算 套用於圖 禁用週期 匯入公式
參數名 預設 最小 最大
調試訊息:
1
2
3
4
坐標線(最多7個,分號分隔) 限制坐標
自動

```
A01:ref(C,3);
```

《圖 2-9》引用指標的寫法

當引用的公式建立好之後，再新建一個指標，指標名稱為月線扣抵，程式語法為三月扣抵:"00.A01#MONTH"。當程式建立好之後，就可以將月線的數據畫在周線圖上或日線圖上。這一個指標也是我們在實際操作中，真正要運用的參考指標。

接著就利用這一個指標與股價波動原理之間的相互搭配，說明如何在日線圖上進行有效率且安全的波段操作。

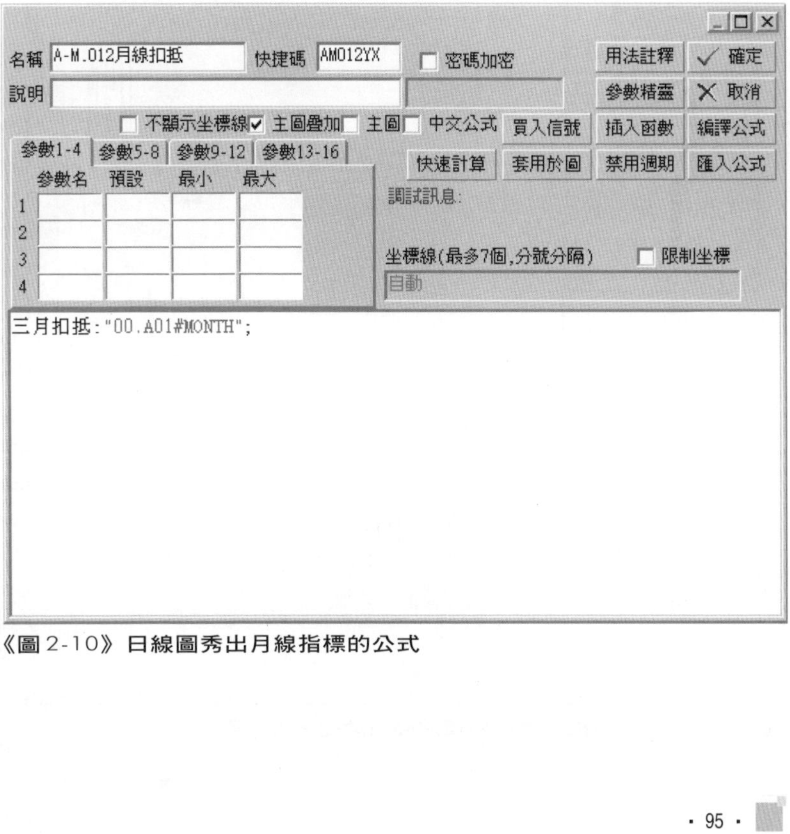

《圖 2-10》日線圖秀出月線指標的公式

請看《圖 2-11》。英群股價在小圖中(月線圖)標示A出現記號，代表該月的均線形成轉折，如果將月線的扣抵值畫在日線圖上，就會形成階梯狀的水平關卡，在標示B，我們發現股價在跌破月線扣抵指標後，下一個月的扣抵參考值已經上升到相當高的部分，亦即標示B方框的後端，想要將股價拉抬站上扣抵值，依常理判斷，這是不可能的任務，因此就可以在當月月初即刻認定，月均線將會轉折向下。同理，

《圖 2-11》 月線扣抵指標與股價波動原理的運用範例之一

在跌破標示B震盪的下緣時，股價就會往下一個目標前進，所以投資人應伺機作空。

接著股價從6.87元開始盤底上漲，在11月時(請看橫座標)出現一波拉抬，這也是小圖中標示A的那一筆長紅。日線圖的拉抬讓股價站上月線扣抵參考價的水平線，同時也穿越標示B的震盪區間，根據股價波動原理，出現如標示C的震盪是正常的走勢。

那麼如何得知標示B的震盪對多頭有利呢？首先是穿越月線扣抵參考價的那一筆日K線低點，在震盪過程中沒有被跌破過，暗示月均線已經轉折向上，有助漲的力道存在。另一個理由是進入12月時，即標示C的震盪末端，其月線扣抵參考價已經降到很低的位置，要再將扣抵價跌破並不容易，故可以推論標示C的調整對多方有利，操作者應伺機介入該股作多，當股價突破標示C的震盪區間時，自然會往多方的下一個目標補足挑戰了。

請看《圖2-12》。神達股價從11.7元起漲之後，先拉抬站上月線扣抵參考價，此時暗示月線的三日均線已經轉折向上，長線有機會成為多頭的上漲波動，又同時撞進標示A的壓力區間帶，通常撞進壓力帶沒有將壓力帶突破，我們會持比較中性的看法，但是在月線指標已經翻轉的背景下，可以在中性裡比較偏多方的角度思考。

《圖 2-12》 **月線扣抵指標與股價波動原理的運用範例之二**

當股價再度上漲將標示A的壓力全部克服之後，月線扣抵價畫在日線圖上的水平線都保持在股價下方，且留有相當的距離，亦即長線指標暫時無轉壞之虞，同時也宣告在突破標示A所產生的震盪之後，應該伺機尋找作多點進場，而該股從2004年10月站上月線扣抵的水平線之後，直到2005年10月才跌破，正好上漲了一年，漲幅超過二倍以上。

請看《圖2-13》。威盛股價在標示A跌破月線扣抵的水平關卡價，接著股價進入震盪並向下測試，當股價行進到下一個月(6月)時，出現如標示B的拉抬走勢。當時的月線扣抵水平參考價已經上升到相當高的位置，也就是說要讓股價反彈拉抬再度站上，是屬於不容易達成的假設，亦即長線已經確定轉弱，我們就可以懷疑標示B的這一段反彈，為長線轉弱背景下的日線逃命格局，只要短線一出現止漲，將很容

《圖2-13》月線扣抵指標與股價波動原理的運用範例之三

易讓盤勢繼續向下探底。

請看《圖2-14》。崇越股價在標示A跌破月線扣抵的水平參考價後，向下探底到49.1元才開始進行盤底的動作，盤底後股價拉抬穿越月線扣抵的水平關卡價，並出現如標示B的震盪走勢。震盪過程中並沒有跌破穿越關卡價該筆棒線低點，為真突破走勢，而下個月的月線扣抵水平參考價移動到

《圖2-14》月線扣抵指標與股價波動原理的運用範例之四

股價的下方較低的位置，也就是長線走勢已經轉成對多方有利，因此只要股價出現突破標示B的震盪區間時，即為短線積極介入的買進點。

請看《圖2-15》。聚碩股價在標示A的震盪之後，創下當時的新高點18.5元，接著急速向下跌破標示A的震盪區間，此區間視為多頭支撐，跌破後的盤勢看法宜趨向空方思

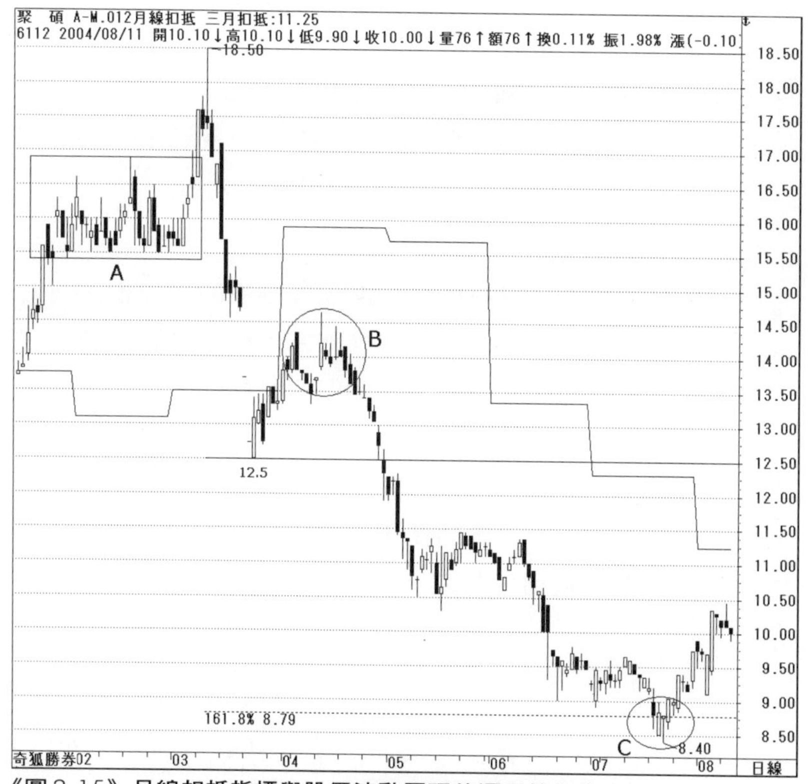

《圖2-15》月線扣抵指標與股價波動原理的運用範例之五

考。向下跌的過程中，同時跌破月線扣抵的水平參考價，並在12.5元止跌出現反彈，這個反彈可以視為針對標示A與月線扣抵，這兩個技術性支撐被跌破的反彈，而反彈到標示A的位置成頭部型態，且月線扣抵水平參考價卻離當時股價較遠，因此整體走勢對空有利，盤勢自然以向下測試作為規劃。

而向下的目標區，我們可以採用黃金螺旋作為規劃的計算法則之一，利用第一段下殺幅度18.5～12.5為測量幅度，其基本目標1.618倍幅參考價為8.79元，股價在標示C穿越目標區，並在穿越的隔兩筆見到低點8.4元後，再度出現反彈走勢，故走勢相當符合自然律的節奏。

利用月線扣抵(長線)轉到日線作為觀察的操作模式，在本單元中，只能提供一些基本架構與基礎觀念，讓投資人作為參考，其他實際運用與股價波動變化的搭配，仍需使用者多加體會。尤其必須提醒投資人注意，指標不是萬能的參考依據，任何指標的運用，必須架構在合理的股價波動走勢上，才可以帶給我們正確的使用方向，也因為如此，才能幫助我們在市場中獲利。

此外，也可以根據月線扣抵的觀念進行電腦選股，節省我們一檔一檔篩選的時間，至於電腦選股條件設定的方法，可以在每個月結束後，尋找月線的收盤已經站上月線3MA，下一個月開盤就開始觀察是否日線站穩扣抵價；或是進行日線選股，選擇今日才剛剛站上三月扣抵價者進行觀察；或是選擇下一個月的扣抵價在日線股價下方，其設定方法相當多元，請投資人不妨嘗試設計、測試。

三段漲跌法則

三段漲跌法則又稱為「**三波浪理論**」或是「**三段起伏法**」，源自於日本在十七世紀米市的酒田戰法，為日本波動理論的代表，雖然沒有艾略特波浪理論那麼完整的架構，卻也能妥切的詮釋股價波動，尤其是台灣股市早期操盤手法受日本理論影響頗深，因此在台灣股市的走勢中，都可以看見這樣的影子。此外，它比艾略特波浪理論容易理解，根據實證後，應用的效果也相當良好，值得投資人嘗試研究與運用。

三段漲跌法則的基礎理論相當簡單，其定義是：「**行情不會一口氣就達到天井，或是一直線下挫到谷底。**」筆者將原始定義整理後並加上自己對股價波動的心得，把上漲到下跌的一個完整循環，將其結構切割成10個步驟，請投資人搭配《圖2-16》閱讀下列的說明：

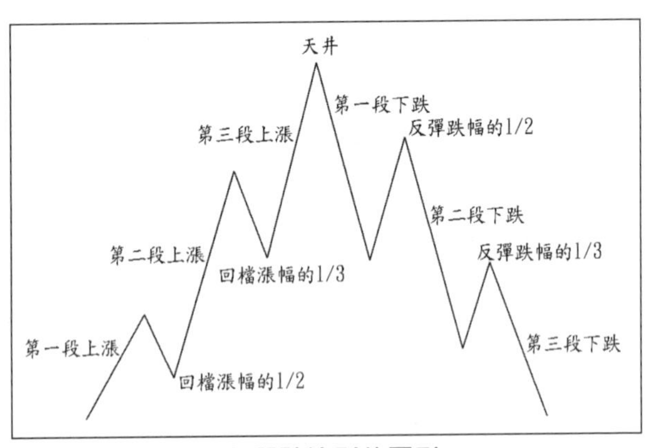

《圖2-16》日本三段漲跌法則的圖形

步驟一：股價從低檔開始上升之後，屬於第一段上漲的行情。這裡的上升需要花費較大力氣，因為是屬於「**空轉多**」的行情，所以必須出現空多扭轉的走勢來加以確認。

又走勢剛剛從空頭翻成多頭時，投資人多半以為這是一個反彈走勢而已，因此上升的速度會相對較慢，走勢的角度也會比較平緩，且到達預期的目標時，會出現較大賣壓，股價走勢便進入回檔，此階段類似艾略特波浪理論的初升浪。

步驟二：當股價完成第一段上漲走勢之後，將進入第一次的回檔走勢，此次回檔的幅度通常超過上漲走勢的 1/2。這是因為投資人對第一段的上漲走勢，有比較深的疑慮，所以容易出現較大的賣壓與較少的承接力道，導致回檔幅度較深。

步驟三：當股價完成第一次的回檔走勢之後，將進入第二段上漲的行情。在回檔過程中，投資人發現買氣逐漸增強，股價的走勢沒有破底，當走勢再度上揚時，將會吸引買氣逐漸回籠，因此上升的速度會較第一段還要快速，角度也會比較陡峭，通常在接近或穿越目標後買氣會減弱，也就是股價已經將要進入下一個步驟。此階段的走勢類似艾略特波浪理論中的主升浪。

步驟四：當股價完成第二段的上漲走勢之後，緊接著進入第二次的回檔走勢，此次回檔的幅度通常約為第二段上漲走勢的 1/3。這是因為投資人在面對第二段比較強勁的上漲走勢後，對後市產生較多期待，所以吸引較多投資人願意進場承接，因此賣壓也相對的比較小，導致回檔幅度比較不深。

步驟五：當股價完成第二次的回檔走勢之後，將進入第三段上漲行情，此時股價將會達到天井，亦即天價的位置。其走勢的特性為多頭乘勝追擊的追買力道，與空頭認輸回補的軋空力道，讓股價上升速度急遽升高，也就是所謂的「**噴出走勢**」，直到所有買進力道耗盡，股價也漲升至相對高點或是歷史高點。

部分個股走勢在第三段上漲時，不會出現噴出的行情，而是以平緩的角度向上推升，追究其原因通常是該股缺乏炒作題材，或是業績不如預期所導致。

步驟六：當股價抵達天井後將會引發「**高價警戒**」，此時多頭全面獲利了結的賣壓，與新加入的空單導致股價出現反轉，即形成第一段的下跌走勢，這一段的下跌通常會把第三段的上漲幅度吃掉大部分，即回檔的幅度相當深，往往超過第三段上漲的1/2以上，也就是第一段的下跌其目的是為了破壞多頭上漲結構，造成「**多轉空**」的技術現象。

步驟七：當股價完成第一段下跌的走勢之後，將進入第一次的反彈走勢，此次反彈的幅度通常超過下跌走勢的1/2。這是因為投資人對第一段的下跌走勢，仍抱有一絲多頭的期待，因此產生並不強勁的買進力道，加上天價轉折尚未退出的多單，希望能有較佳的價格退出，導致賣壓不會過重，綜合這些因素使股價的反彈幅度較大。

步驟八：當第一段反彈走勢結束後，投資人驚覺走勢已經轉弱，股價無法再度創下新高點，此時在第一段反彈買進與高檔套牢者均會將持股賣出，而先知先覺者早已經察覺股價走勢的轉弱並逢高佈局空單，強大的賣壓將會使股價急速的下跌，這時速度會較第一段還要快速，角度也會比較陡峭，通常在接近或穿越目標後賣壓會減弱，亦即股價已經將要進入下一個步驟。此階段的走勢類似艾略特波浪理論中的主跌浪。

步驟九：當股價完成第二段的下跌走勢之後，緊接著進入第二次的反彈走勢，此次反彈的幅度通常約為第二段下跌走勢的1/3。這是因為投資人在面對第二段比較強勁的下跌走勢後，對後市相當失望，故無法吸引新的資金進駐，而在高檔套牢者亦無力攤平買進，導致買氣虛弱，因此出現反彈走勢多為補空的技術性反彈居多，形成反彈的幅度自然不大。

步驟十：當股價完成第二次的反彈走勢之後，將進入第三段下跌的行情，此時股價將會回到起漲點或是創下新低點。

其走勢的特性為空頭乘勝追擊的追空力道，與多頭認輸停損與失望性的殺多力道，讓股價下跌速度急遽升高，也就是所謂的「**多殺多走勢**」，直到所有賣出力道耗盡，股價也回落到相對低檔。

並非所有個股走勢在第三段下跌都會呈現多殺多的走勢，會出現急殺落底，通常是因為政治、經濟與不可預期的特殊利空，大部分的個股是以比較平緩的角度進行「落底」。落底之後會有所謂的盤底期，至此整個「**三漲三跌**」的完整循環過程才宣告結束。

雖然有部分技術分析的前輩，將三段漲跌理論再加以細分、切割，讓走勢在上漲過程中出現的不規則波型利於辨識，例如：四波段上漲、二波段上漲或是一波段上漲，但是根據筆者經驗與實證結果，都不脫離三波段架構，只是觀察的層次不同而已。而且在空頭走勢的下跌過程中，比較容易出現不規則的走法，亦即不容易分出段落，這與艾略特理論也有不謀而合之處。為了可以分辨在空頭走勢中的調整，去除不容易判斷的缺點，建議投資人可以先拉大觀察輪廓做出定位，再切到小細節進行探討。

運用的絕竅

理解了三段漲跌法則的基礎之後，在運用上需要注意哪些事項呢？根據筆者實際操作經驗與觀察的心得，大致上可以歸納出以下幾點：

一、**定位自己的操作輪廓**。如果介入的是第一段上漲，其上漲幅度較難斷定，因此操作策略的定位一律為「**搶反彈**」操作，當進入第二段的上漲過程中，持股才能有抱波段的假設。其中又牽涉觀察的週期大小，長線的操作法則與停損點的設置，必定與短線不盡相同，而在長線末端，卻又需要利用短線執行退場，短、中、長期的搭配，需要投資人費心思量。

二、**選擇恰當的線圖觀察**。長線角度宜從月線圖觀察，中線角度宜從週線圖觀察，短線角度宜從日線圖觀察，極短線角度宜從分線圖觀察，當熟悉之後，可以直接將日線圖縮到極小，直接在日線圖上分辨短、中、長期的走勢。線圖的觀察週期通常會影響到操作的輪廓與定位。

三、**善用測量法則並與第一章所描述的波動原理結合研判**。測量法則可以幫助我們規劃大概的相對風險區與滿足區，當滿足之後進入震盪走勢，就可以假設股價進入下一個階段，再根據此時走勢的強弱定位屬於漲跌理論中的哪一個位階。

四、**利用長線保護短線的原則，使利潤擴張、風險降低**。比如，長線屬於第一段上漲之後的回檔，回檔結束之後有機會進行第二段的上漲走勢，而這一段往往是股價的主升段居多，因此在日線格局中，就必須注意底部的完成訊號，並伺機介入作多。當股價進行下跌時，其思考的模式與多頭相同。

五、**任何位階中，屬於第一段上漲的行情都具有風險，投資人可以暫時忽略**。第一段上漲有時是針對前一波下跌的逃命走勢，尤其在長線翻空時，往往在日線格局中會造成投資人誤判，因此在介入時宜用搶反彈心態(請參閱第一點)，保守者建議等待第一段的回檔之後再進行切入即可(請參閱第四點)。當股價進行的是第一段下跌時，道理相同。

六、**第一次回檔的標準幅度雖然是 1/2，但是並不代表為絕對值，只是一個相對值而已**，股價可以做其他調整模式，甚至回到更低的價位水準，第一次反彈同理可證。

七、**第二段的漲幅通常是最大的，也是切入操作最安全的波段，雖然第三段上漲有機會做噴出，不過比較不容易掌握**，甚至沒有第三段的上漲，反之，在空頭走勢時，道理相同。

八、**第二次回檔的標準幅度雖然是 1/3 ，但是並不代表為絕對值，可以更低或是根本未到 1/3** ，我們可以根據回檔的深淺定位股價的強弱，如果回檔的比較深，代表當時的多頭比較弱；如果回檔的比較淺，代表當時的多頭比較強。而空頭中的第二次反彈同理可證。

簡單的幾個原則，其實當中蘊涵的變化相當大，不是用文字就可以說明清楚，若能配合波浪理論或是推浪三部曲法則綜合研判，自然可以詳實的掌握股價波動的變化。其他研判細節，請投資人自行驗證體會，接著以幾個實例說明這些原則的運用。

實例説明

請看《圖 2-17》。神達股價從 15.2 元上漲到 27.2 元之後，拉回修正到 15.9 元，已經非常接近前一波的低點 15.2 元，這一段上漲的走勢與《主控戰略成交量》書中，所描述的「波段型進貨與洗盤模式」相當吻合，請與《圖 2-18》的範例圖進行比較。

《圖 2-17》三段漲跌法則的實戰範例之一

在《圖2-18》中，於《主控戰略成交量》書中的內容說：「從P1～P2這一段，有一個專門的術語，稱為：熊市扭轉，亦可以稱為初升浪。投資人在觀察時除了型態走法要類似之外，也必須以技術面加以驗證，而從P1～P3這整段的走勢，個人並不建議投資人介入，但是等到整個段落完成，才開始積極注意P3之後的股價走勢，並伺機尋找恰當的作多介入點。一般而言，主力會在P1～P3這一個區間，先建立想要吸納的籌碼約6成的水準。」

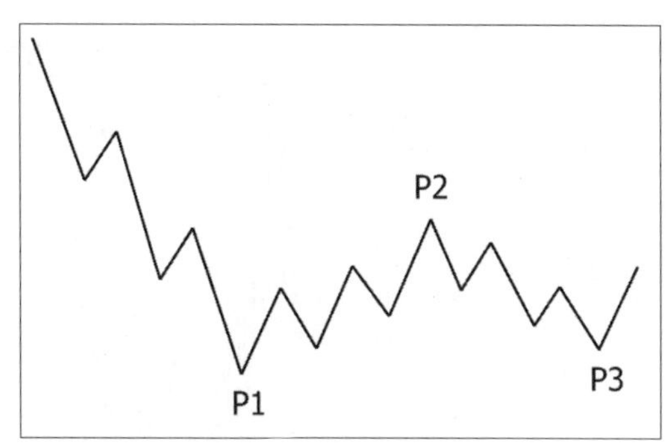

《圖2-18》波段型進貨與洗盤模式

而《圖2-17》關於神達股價的走勢既然吻合波段型進貨與洗盤模式，我們再利用三波段漲跌法則的規則，定位15.2元～27.2元為第一段上漲，當股價回檔時便可以注意是否呈現多頭的訊號，以便介入操作未來可能發生的第二段上漲。而第二段可能上漲的目標便可以利用測量學加以測量，黃金螺旋1.618倍的目標＝(27.2－15.2)×1.618＋15.2＝34.62元，因此中線目標的規劃暫時定在此價位附近。

股價第二段上漲最高點在 40.8 元，回檔低點在 30.1 元完成，下跌幅度為：(40.8－30.1)÷(40.8－15.9)×100%＝43% ，未到 1/2 但是滿足 1/3 ，所以是合理的第二段回檔幅度。當第二段回檔的調整結束之後，若股價向上推升，便是屬於第三段上漲，這一段上漲結束之後往往會伴隨強烈的回檔走勢，亦即為多頭最後的退出點。

接著請看《圖 2-19》。當神達股價完成多方第三段上漲

《圖 2-19》三段漲跌法則的實戰範例之二

到61.5元之後，股價出現迅速的回檔回到第三段的起漲點附近，因此可以定位為第一段下跌，在第一段下跌之後將會出現第一段反彈，幅度約為第一段下跌的 1/2 ，因此計算第一段的 1/2 幅度值＝(61.5＋37.4)÷2＝49.45 ，反彈的最高點為50.5元，符合第一段反彈的幅度，接著在反彈結束之後，將會進行第二段的下跌走勢。

第二段的下跌走勢，必然會出現殺盤最明顯的波段，我們先假設第二段是從 50.5 元～26.2 元，那麼接下來的第二段反彈，幅度不會太高，所以取 31 元為第二段反彈高點，最後將進行第三段下跌。至於第三段下跌已經將股價打回到起漲點以下，並創下 15 元的新低，因此符合三段漲跌法則的循環。

請看《圖 2-20》。神達既然已經在 15 元的低點完成了一個完整的三段漲跌循環，那麼股價接著應該要進行另外一次三段漲跌的走勢，亦即從 15 元開始上漲到 87.5 元為上漲三段，緊接著又從 87.5 元開始進行下跌三段到 8.45 元，此時又完成另一個三段漲跌循環，那麼股價從8.45元開始，將會是另一個三段上漲的開始。

新的第一段上漲走勢從 8.45 元到 24.5 元，第一次回檔壓回到 10.5 元，從 10.5 元開始為第二段上漲走勢，其目標用黃金螺旋預估，最後在2.618倍幅之後滿足，標示52元的

《圖 2-20》 三段漲跌法則的實戰範例之三

該筆棒線即為穿越目標區的棒線，隔兩筆股價創下55.3元的新高，接著很有可能進行第二段的回檔修正。在撰稿時，股價正從55.3元開始進行拉回，以第二段回檔的慣性進行可能的回檔低點，通常會穿越 1/3 並接近 1/2 ，亦即股價正常會在 55.3 －(55.3 － 10.5)÷ 3 ＝ 40.36 元，與 (55.3 ＋ 10.5)÷ 2 ＝ 32.9 元之間，當股價回檔低點落在這個區間之後，我們才考慮回到日線格局，觀察是否出現短線底部的訊號可以提供介入操作，如果沒有出現底部訊號，則不宜貿然介入。

請看《圖 2-21》。威盛股價從一上市之後，就開始進行三段式的上漲，直到629元完成上漲的走勢。當股價完成三段上漲之後，接下來，通常會進行三段下跌，至於這三段下跌也有機會將整個漲幅吃掉，如果長線的利基還在，這三段

《圖 2-21》三段漲跌法則的實戰範例之四

下跌的折線將不會太陡峭，第一段的折線也不會太大，因為第一段折線為初跌段，如果幅度太大，暗示的是往後的另外兩段下跌幅度也會相對的大，這樣推算起來，滿足的低點將會使作多投資人受傷相當慘重。

結果威盛股價從629元的高點下跌到165元才正式出現長線反彈，第一段下跌幅度如此之深，暗示未來第二段和第三段下跌滿足點將會更加驚人，而第一段反彈預估值為(629＋165)÷2＝397元，反彈到365元，勉強算是符合(因為第一段跌的實在是太深了)，反彈結束後(這一段曾在拙作《主控戰略成交量》書中提及，為主力、公司派的逃命波段)，便進行第二下跌。

當第二段下跌之後，股價呈現反彈後進行第三段下跌，直到32.3元為止，股價再度出現上漲，這一段上漲到61.5元止漲後壓回，投資人便可以假設這是多頭循環開始的第一段上漲，當股價壓回第一段回檔時，理應注意底部訊號。結果從61.5元壓回時再度破底，暗示61.5元只是一個反彈波動而已，並非第一段上漲，所以整個輪廓定位成低檔擴底行情，61.5元仍算在第三段下跌走勢當中。

我們該如何利用三段漲跌論進行切入呢？在這裡先以台指期貨的30分鐘線圖作為例子，請看《圖2-22》。我們先找到一個上漲與下跌完成的循環，圖中從5602點開始，出現了明顯的三段上漲到6479點，接著再進行三段下跌，第一段下跌在標示B，跌破了第三段上漲標示A的支撐區間，後續出現標示C的反彈震盪為跌破支撐的正常反應，同時也屬於第一段反彈走勢。

《圖2-22》三段漲跌法則的實戰範例之五

在標示C之後進行的是第二段下跌，這一段下跌走勢相當容易辨識，因為下跌角度會較為陡峭，最後在標示D完成第三段下跌，股價也很接近前波低點。到目前為止，都是觀察已經完成的走勢圖，並非針對未來走勢進行預測，因此投資人只要能夠看得懂已經完成的走勢圖，就可以針對未來走勢進行投資的策略規劃。接著請看下一張圖。

請看《圖2-23》。當股價完成三漲三跌之後，是否值得我們進場作多？根據實戰經驗法則告訴我們(請回顧本單元中關於運用的絕竅部分)，第一段上漲的風險較高，介入時宜用反彈角度進行思考，所以從5611點開始進行的上漲，先視為反彈，反彈過程中，標示B突破負反轉壓力，接著再突破標示A的區間壓力，最後於5916點止漲拉回修正，到此為止，我們可以假設第一段上漲已經完成，股價完成第一次回檔的修正結束之後，將會進行第二段上漲。

通常第二段上漲的利潤最容易掌握，風險也比較低，假設上漲目標在第一段黃金螺旋的1.618倍幅，將會上漲到6104點，如果是2.618倍幅，則在6409點，如果等到突破水平頸線5916點才切入的話，波段可能有6104－5916＝188

點的空間，或有 6409 － 5916 ＝ 493 點的空間，所以值得短線介入。事實上，這一波的上漲循環在 6800 點結束，很顯然，如果能恰當的掌握這些技巧，安全的擷取獲利並不困難。

《圖 2-23》三段漲跌法則的實戰範例之六

請看《圖2-24》。台積電股價從97.5元盤頭下跌，當跌到80元時正逢前波起漲點，接著反彈到90.5元高點，同時又穿越(97.5＋80)÷2＝88.75元，所以從97.5元到80元便可以假設為第一段下跌，至於90.5元到61.5元為第二段下跌，下跌到43.7元為第三段下跌。如果這樣的推論正確，在43.7元之後理應出現比較強勢的上漲或反彈，顯現多頭初升

《圖2-24》三段漲跌法則的實戰範例之七

段的氣勢，事實上，股價只上漲到55.5元之後，再度破底下跌到 34.9 元，因此整個結構的假設調整為：第二段下跌為 90.5 元到 43.7 元，第三段下跌為 55.5 元到 34.9 元。

接著請看《圖 2-25》。當台積電下跌到 34.9 元之後，假設下跌三段已經完成，那麼股價從34.9元開始應該會出現一

《圖 2-25》三段漲跌法則的實戰範例之八

波比較強勁的上漲波動，結果股價上漲到 54 元，並壓回到 40.1 元，因此第一段上漲便假設為 34.9 元到 54 元這一段，而第一段回檔為 54 元到 40.1 元這一段，其中 40.1 元穿越(54 ＋ 34.9)÷ 2 ＝ 44.45 ，所以是標準走勢。

既然第一段回檔結束，多單就要伺機介入，以賺取從 40.1 元開始的第二段上漲，這一段上漲只到達 63 元就進入震盪，沒有滿足黃金螺旋的 1.618 測幅目標，屬於相對弱勢。接著請看下一張圖。

請看《圖 2-26》。當台積電股價上漲到 63 元可能完成第二段上漲的走勢後，進入的震盪整理宜假設為第二段回檔，第二段回檔守在 56 元的箱底價之上，當股價突破箱頂 63元之後，進行的將是第三段上漲，利用箱型原理中的堆箱測量，目標將會在 70 元以上，事實上，第三段上漲完成於 72.5 元的價位。

《圖 2-26》三段漲跌法則的實戰範例之九

請看《圖2-27》，假設台積電股價在72.5元完成了第三段的上漲走勢，股價緊接著將會進行三段下跌，我們可以從72.5元以後的走勢得到驗證，如果72.5元到58.5元為第一段下跌，68.5元到51.5元為第二段下跌，58元到40.7元為第三段下跌，已經完成了下跌三段走勢，接著是否又會出現多頭的上漲走勢呢？請投資人不妨將手邊線圖展示出來，進行

《圖 2-27》三段漲跌法則的實戰範例之十

觀察、推演，自然會對走勢的概念更加深刻。

然而股價行進間的走勢，有強有弱，在這些作為例子的走勢圖中，投資人應該可以發現，選擇的股票恰當與否，將會影響每一段上漲走勢的幅度，亦即會關係到投資利潤，這些選擇的技巧，不但可以用基本面進行選擇，更可以用技術面進行篩選，就看投資人針對哪部分進行更深入的研究了。

此外，三波浪理論除了以本單元所述的多空循環觀察法則之外，也可以進行「**多頭中的回檔**」與「**空頭中的反彈**」這兩種模式進行推演，此部分請讀者運用原始定義自行加以演化，本書礙於篇幅，不另再贅述。

哈茲法則

美國的塞拉斯‧哈茲(Cyrus Hutch)在西元1883年～1936年間，以最初的10萬美元投入股市，利用簡單的控盤技巧，在這五十三年間將原始的資本擴張成為1440萬美元，此法被稱為哈茲法則。**其原理為選定欲介入的股票，當該股從低檔上漲10%之後才介入，而手中持股沒有從最高點下跌10%不賣出；當股價賣出之後，如果想要再做買進的動作，也比須從低點上漲10%之後才介入。**

利用10%作為觀察的理由，是因為股價從低檔上漲時，沒有超過10%被哈茲認定為只是反彈行情，如果漲勢可以超過10%，代表行情有機會可以持續堅挺上升，賣法的觀點也是一樣。其原理頗符合股價波動慣性法則，亦即等到股價確認上漲之後，才做買進動作，而等到股價確定轉弱之後，再將持股賣出。

此外，哈茲也利用週線、月線計算參考值。比如，在每個月結束之後，計算該月的平均值，並以此平均值為基準，當股價低於最高月平均值10%時，賣出所有持股，高於最低月平均值 10% 時，就買進股票，這種方法屬於長線投資法則。

我們可以嘗試設計一個簡單的公式，觀察這樣的法則是否能夠適用於臺灣股市中。

在《圖 2-28》中，HHV(H,N)代表在 N 日內的最高價，

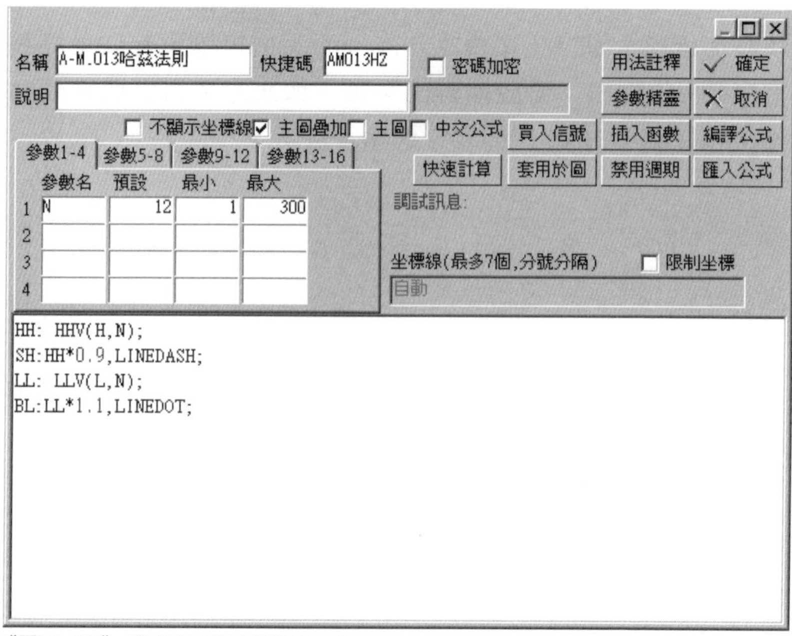

《圖 2-28》哈茲法則的指標程式

SH則以長虛線畫出N日內最高價的0.9倍，也就是說當股價跌破長虛線時，已經從高檔下跌了10%，為賣出參考價。同理，LLV(L,N)，代表在N日內的最低價，BL則以短虛線畫出N日內最低價的1.1倍，也就是當股價突破短虛線時，已經從低檔上漲了10%，為買進參考價。

其中N日的參數並沒有所謂的慣用參數，因為本指標的目的只是為了減少計算的麻煩，讓程式幫忙計算從高點回檔10%，與從低檔上漲10%的數值而已，只要參數值可以捉到大致的高低點即可，萬一有的點位無法用公式捕捉到，可以動手自行計算或是暫時調整參數。

請看下頁《圖2-29》。指標設計好後，展示在K線圖上，並且檢測公式的正確性，標示A為短虛線，是從十二日低點上漲10%的參考價，標示B為長虛線，是從十二日高點下跌10%的參考價，利用十二日的週期可以掌握大部分個股的高低點，減少調整參數與手動計算的次數，投資人不妨可以參考使用。

接著利用哈茲法則，統計友達股價從2001/10/05～2002/10/16這一段時間的買賣點，這一段時間正好完成一個多空循環，故適合作為統計樣本。統計時一律以當日收盤價確認買賣點，並以收盤價計算，且忽略交易時的手續費等相關成本。

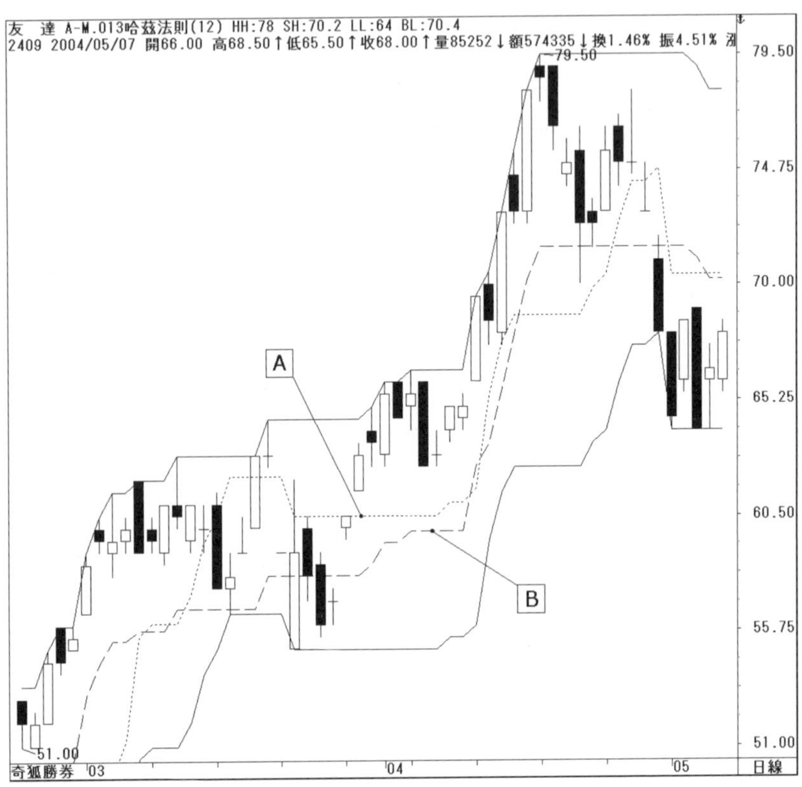

《圖 2-29》哈茲法則指標在 K 線圖上的呈現

請看《表 2-3》，這是單純的以哈茲法則漲跌 10% 的原理，進行買賣點的損益統計，執行買賣共二十一次，總計獲利22.6 元。雖然是獲利，但效率並不理想。按照某一個指標進行買賣，因為不帶有其他主客觀因素，也沒有買賣的感情、心理因素干擾，所以是機械式操作法則的範疇，機械式操作與程式交易並不相同，請投資人勿產生混淆。

表 2-3　友達股價日線操作績效統計表之一

操作方向	進場時間	進場價位	出場時間	出場價位	損　益
多　方	2001/10/05	12.5	2001/11/30	25	12.5
空　方	2001/11/30	25	2001/12/03	26.4	-1.4
多　方	2001/12/03	26.4	2001/12/18	31	4.6
空　方	2001/12/18	31	2001/12/20	33.1	-2.1
多　方	2001/12/20	33.1	2001/12/27	35	1.9
空　方	2001/12/27	35	2002/01/09	38.6	-3.6
多　方	2002/01/09	38.6	2002/01/29	48.8	10.2
空　方	2002/01/29	48.8	2002/02/05	54	-5.2
多　方	2002/02/05	54	2002/02/20	56	2
空　方	2002/02/20	56	2002/02/26	57.5	-1.5
多　方	2002/02/26	57.5	2002/03/08	54	-3.5
空　方	2002/03/08	54	2002/03/25	52.5	1.5
多　方	2002/03/25	52.5	2002/05/02	50.5	-2
空　方	2002/05/02	50.5	2002/05/10	51.5	-1
多　方	2002/05/10	51.5	2002/05/20	43.5	-7.9
空　方	2002/05/20	43.5	2002/05/27	45.6	-2.1
多　方	2002/05/27	45.6	2002/06/04	41.4	-4.2
空　方	2002/06/04	41.4	2002/07/03	29.4	2
多　方	2002/07/03	29.4	2002/07/22	32.9	3.5
空　方	2002/07/22	32.9	2002/08/15	28.2	4.7
多　方	2002/08/15	28.2	2002/09/02	25.3	-2.9
空　方	2002/09/02	25.3	2002/10/16	18.2	7.1
				總損益	22.6

假設投資人嘗試將漲跌10%的法則縮減或是增加，不一定能夠有效的增加投資報酬率，尤其是股價走勢沒有方向時，將會損耗相當多的交易成本，這是機械式操作或是程式交易的缺點，操作者必須確切執行參考程式所透露的訊息，沒有轉圜餘地，因此很容易介入沒有利潤或是導致虧損的交易。

為了減少買賣次數並提高報酬率，我們可以在一個主要的法則下，加上濾網進行過濾不必要的買賣訊號，這種技巧的確可以改善買賣次數頻繁的困擾，缺點是最有效率的買賣點可能因此被犧牲，但是權衡提高投資報酬率與減少交易次數的誘因下，不啻為機械式操作或是程式交易的最佳選擇之一。

在這裡，我們以哈茲法則為主要參考依據，並嘗試以21MA作為濾網進行觀察，當股價在21MA之上時，只考慮進場作多，跌破賣出觀察價時退出但是不作空；反之，當股價在21MA之下時，只考慮進場作空，突破買進觀察價時補空但是不作多。當架構好基本原則之後，以同樣的方式統計友達股價從2001/10/05～2002/10/16這一段時間的買賣點，其中有幾個日期的買賣點產生改變：

在2001年10月18日，股價＞21MA，只作多不作空。
在2002年03月08日，股價＜21MA，只作空不作多。
在2002年04月12日，股價＞21MA，只作多不作空。
在2002年04月29日，股價＜21MA，只作空不作多。
在2002年07月09日，股價＞21MA，只作多不作空。
在2002年07月22日，股價＜21MA，只作空不作多。

再將《表2-3》重新統計，亦即有的時間點在賣出之後，不執行反向的空單操作，或者是補空之後，不執行反手做多的動作。

請看《表2-4》。在增加以21MA作為濾網之後，相同的時間裡，操作次數從二十一次減少為十三次，獲利從22.6元增加成為44.25元，接近兩倍。這是利用濾網得到的實效，投資人不妨以此為基礎，利用軟體幫忙統計優化的參考程式。根據筆者經驗，雖然濾網是一個相當優良的輔助工具，但是在撰寫時，並不適合在程式當中加上太多濾網，因為條件過於嚴苛，過濾之後的買賣點反而會讓操作時喪失許多絕佳的進出點位。

表2-4　友達股價日線操作績效統計表之二

操作方向	進場時間	進場價位	出場時間	出場價位	損　益
多　方	2001/10/18	14.05	2001/11/30	25	10.95
多　方	2001/12/03	26.4	2001/12/18	31	4.6
多　方	2001/12/20	33.1	2001/12/27	35	1.9
多　方	2002/01/09	38.6	2002/01/29	48.8	10.2
多　方	2002/02/05	54	2002/02/20	56	2
多　方	2002/02/26	57.5	2002/03/08	54	-3.5
空　方	2002/03/08	54	2002/03/25	52.5	1.5
空　方	2002/05/02	50.5	2002/05/10	51.5	-1
空　方	2002/05/20	43.5	2002/05/27	45.6	-2.1
空　方	2002/06/04	41.4	2002/07/03	29.4	12
多　方	2002/07/12	37	2002/07/22	32.9	-4.1
空　方	2002/07/22	32.9	2002/08/15	28.2	4.7
空　方	2002/09/02	25.3	2002/10/16	18.2	7.1
				總損益	44.25

如果要利用哈茲法則進行台指的操作買賣，除了可以運用漲跌的百分比之外，也可以運用漲跌的點數作為參考依據。利用漲跌百分比的缺點，是在高低檔時數據的差異很大，比如，在9000點的1%是90點，在5000點的1%為50點，因此高槓桿倍數的商品，不建議利用漲跌的百分比計算哈茲法則。

我們假設當台指趨勢確定為多頭時，上漲超過50點買，跌破30點賣，趨勢確定為空頭時，下跌超過50點空，反彈超過30點回補，並根據這一個原則設計指標。

請看《圖2-30》。這一個指標與《圖2-28》意義是一樣的，差別在於多了P、Q兩個變數。原始參數設定P=50，Q=30，投資人在運用時可以針對操作習慣自行調整，或是利用指標調校較佳的P、Q參數之後，在實際操作買賣過程中，自行動手計算。

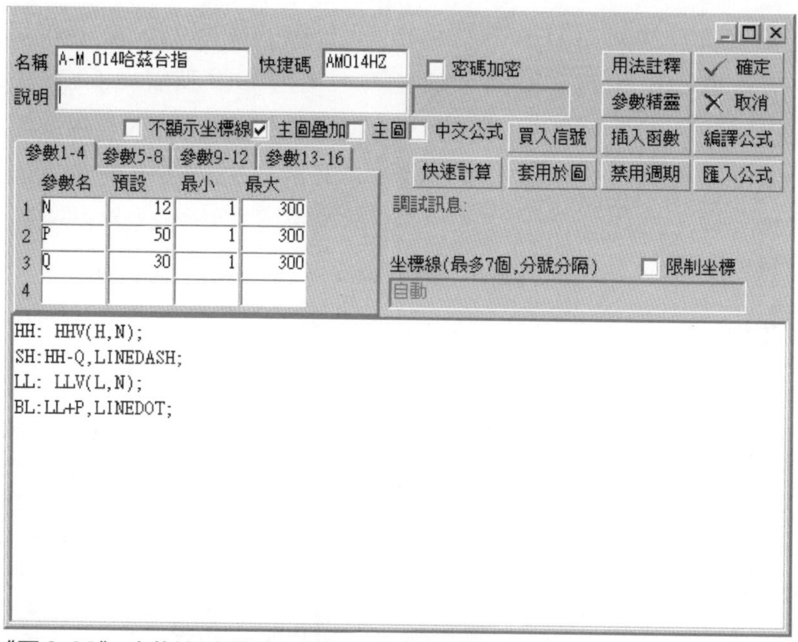

《圖 2-30》**哈茲法則運用在台指上的參考指標**

與波動法則研判的綜合運用範例

接下來，利用哈茲法則為買賣參考依據，並以股價波動原理作為濾網進行實例說明。利用股價波動原理作為濾網的最大好處，是可以恰當的掌握可靠方向。比起單純的使用哈茲法則，將可大幅減少投資人買在反彈的高點，或是賣在回檔的低點的這種窘境，亦即避免掉操作上所謂的「追高殺低」。

請看《圖 2-31》。在台指 30 分鐘的線圖中，標示 A 是下跌過程中的震盪區間，故為壓力參考。當股價從 6378 點起漲時，因為尚未突破標示A的壓力，因此可以不考慮進場操作。等到股價在標示 B 穿越標示 A 的壓力之後，進入拉回

《圖 2-31》哈茲法則的實戰運用範例之一

震盪修正時觀察：一、回檔過程中有無破壞多頭上攻結構。二、在維持多頭有利的背景下是否出現買進訊號。

當股價從標示B回到6545點後，假設利用哈茲法則進行買入的動作，收盤價必須穿越6545＋50＝6595以上，但是從6545為正反轉上漲的最高點在6588，沒有站上6595點以上，因此這裡沒有任何的買進訊號。

接著股價壓回到6500點，並以此為正反轉上漲，假設要出現買進訊號，那麼收盤價必須穿越6500＋50＝6550點以上。標示C的棒線其收盤價為6550點，並沒有完全突破買進參考價，接著標示D的棒線收盤價為6577點，因此買進訊號出現，理應做多買進。

買進之後如果出現賣出訊號就必須執行賣出，賣出參考價定為從高點扣減30點，當收盤價跌破時即為賣出訊號。在《圖2-31》中，標示E的棒線高點為6738點，若要產生買出訊號其參考價為：6738－30＝6708點，標示E的棒線收盤價6704已經跌破參考價，所以應執行賣出。若以收盤價計算操作利潤，則共獲利6704－6577＝127點。

請看《圖 2-32》。台指在標示 A 、 B 為等低點的震盪區間，屬於支撐。當股價壓回到 6660 點時，跌破支撐區間，暗示股價轉弱，接續的反彈過程中沒有破壞空方結構，或是再想辦法轉成多方走勢，股價將進行盤頭回檔，因此操作思維應以空方為主。

《圖 2-32》哈茲法則的實戰運用範例之二

反彈的高點落在6767點，產生的放空參考價為：6767－50＝6717點，標示C棒線的收盤價在6716點，已經確定跌破參考價，故進行放空操作，放空後只要從低點上漲30點以上，就是放空回補點。股價在放空操作後下跌到6461點，此時回補參考價為：6461＋30＝6491點，而標示D棒線收盤價為6501，已經站上回補參考價，故執行空單回補動作。這一次的操作利潤則為：6716－6501＝215點。

相同的研判技巧，也可以運用在個股的操作上，個股的買賣參考價以漲跌10%為主，投資人也可以自行調整。請看《圖2-33》。奇美電股價從34.1元盤一個短期底部後，開始向上漲升，標示A是下跌過程中的壓力區間，標示B則是突破標示A的壓力之後，呈現的止漲高點。股價從標示B拉回的最低點為40.9元，且震盪過程對多方有利，因此宜注意多方買進訊號。

若以低點40.9元計算，買進的參考價為：40.9×1.1＝44.99元，標示C棒線收盤價為45.2元，已經站上買進參考價，故標示C棒線為買進點，買進之後只要從上漲高點回檔10%以上，就是這一筆多單的賣出點。

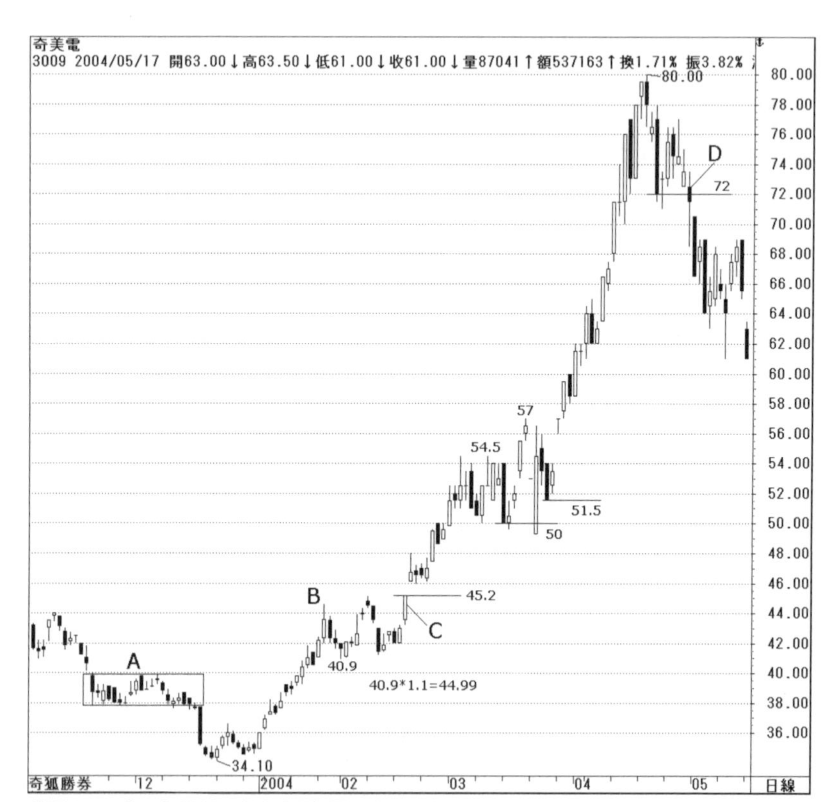

《圖 2-33》哈茲法則的實戰運用範例之三

從標示C買進後股價一路上漲，當上漲到54.5元高點止漲後，計算其賣出參考價為：54.5×0.9＝49.05元，但是長黑回檔的收盤價為50元，並沒有跌破賣出參考價，故不需要賣出。而下一個止漲高點為57元，計算其賣出參考價為：57×0.9＝51.3元，壓回最低的收盤價為51.5元，也沒有跌破參考價，故持股續抱。

直到股價一路上漲到 80 元後，其賣出參考價為：80 × 0.9 = 72 元，在標示 D 這一筆跌破，故執行賣出動作，計算其操作利潤：(71.5 − 45.2) ÷ 45.2 × 100% = 58.2% ，屬於一次成功的波段操作。

請看《圖 2-34》。大同股價在週線圖中，標示 A 為空頭的壓力區間帶，股價從 5.2 元開始上漲，穿越了標示 A 的壓

《圖 2-34》哈茲法則的實戰運用範例之四

力，接著便進入中線整理，整理過程為一個三角型收斂的型態，如何在突破三角型的下降壓力線時，恰當的切入多單執行作多的動作？不妨將股價切換到日線圖觀察，以獲得最佳的短線操作依據。

請看《圖 2-35》。標示 A 所顯示的參數為 34 ，其目的是為了捕捉到圖形中重要的轉折高低點，與操作週期無關。

《圖 2-35》哈茲法則的實戰運用範例之五

標示B、C所產生的買進訊號，屬於虧損的操作，為了避免這樣的錯誤，投資人可以針對週線格局進行思考、推演。在標示D，股價站上從低點上漲10%的短虛線，同時也突破三角型的下降壓力線，暗示在此產生買進訊號，故作多買進。

在買進後股價上漲，並沒有跌破賣出訊號的長虛線，一直到標示E的這筆棒線以跌停價跌破長虛線，在這裡就產生了賣出訊號。如果是程式交易或是機械式操作，無論如何就是執行賣出，但是在操作的藝術上，卻可以不必急著砍殺，因為根據股價慣性，通常這種急挫行情都會反應一個反彈1/2的逃命或是解套型出貨，因此計算反彈1/2幅度的參考價為(14.9＋11.4)÷2＝13.15元，當股價穿越或是面臨此處，再執行退出的動作即可，也就是圖中標示F的位置。

請看《圖2-36》。億光股價在標示A為上漲過程中的支撐區間，因為其震盪時間與幅度均較為長久，所以支撐力道較為強勁。標示B亦為上漲過程中的支撐區間，因為其震盪時間與幅度均較小，故支撐力道較為弱勢，反應的幅度也會對較小。

當股價從76.5元開始壓回之後，先跌破標示B的支撐帶，反彈到70.5元止漲，此時可以考慮進行短空，短空的理

《圖 2-36》哈茲法則的實戰運用範例之六

由是股價剛剛下跌，且跌破的是支撐力道較小的區間。而放空操作的參考價為：70.5 × 0.9 = 63.45 元，標示 C 棒線的收盤價為 63 元，已經跌破參考價故進行放空操作，回補點則是以正反轉低點來計算，假設從 61 元低點反彈，那麼股價站上 61 × 1.1 = 67.1 元時就必須將空單回補。

從61元開始反彈的高點為66元，並未穿越67.1元的參考價，因此空單續抱。接著股價下跌到低點52.5元，同時也跌破標示A的重要支撐，因此股價很容易出現反彈波動，其回補參考價為：52.5×1.1＝57.75元，標示D的收盤價58元已經站上回補參考價，理當進行空單回補動作。到目前為止，屬於標示B支撐被跌破後的短空行情已經結束，但是又跌破標示A的重要支撐，當跌破支撐反應股價反彈的慣性結束之後，應該要注意波段的放空點。

當股價反彈止漲高點67.5元出現後，計算其放空參考價為：67.5×0.9＝60.75元，壓回最低在63元，沒有跌破參考價，因此沒有任何放空的動作。等到下一個止漲高點69.5元出現後，計算其放空參考價為：69.5×0.9＝62.55元，在標示E被跌破了(收盤價為61元)，在當筆理應進行空單操作，若因平盤下不得放空的限制，而無法執行放空，不妨等到隔一筆拉到平盤上再執行動作。

而股價從標示E放空之後，一直沒有出現止跌反彈的跡象，當下跌到45.5元的低點後，計算其放空回補參考價為：45.5×1.1＝50.05元，反彈最高為50元，收盤價亦未站上，因此不需要回補，接著再下跌到43.1元後才出現反彈，計算其放空回補參考價：43.1×1.1＝47.41元，於標示 F 棒線站上回補參考價(該筆收盤價為 47.5 元)，因此應於此處先將空單執行回補。

重點整理

一、技術分析中，「假設」的功能與目的在於讓操作者做好應對的措施，萬一假設如預期，那麼原定的操作策略就付諸實行，萬一實際走勢與預期不符，那麼原定的操作策略就不要付諸實行，並且採取反向操作策略或是修正原本的方案。

二、三段漲跌法則運用絕竅為：

(1.)定位自己的操作輪廓。

(2.)選擇恰當的線圖觀察。

(3.)善用測量法則並與股價波動原理結合研判。

(4.)利用長線保護短線的原則，使利潤擴張、風險降低。

(5.)任何位階中，屬於第一段上漲的行情均具有風險，投資人可以暫時忽略。

(6.)第一次回檔或反彈的幅度通常是 1/2 。

(7.)通常第二段的幅度最大。

(8.)通常第二次回檔或反彈的幅度是 1/3 。

箱型理論

箱型理論是由尼古拉・達拉斯(Nicolas Darvas)所創，尼古拉是60年代美國的芭蕾舞星，雖然是股票的門外漢，但他利用閒暇研究股市進出的操作方法，整理出了所謂的「箱型理論」，並進入市場實際操作，從原本的3000美金，數年後資本膨脹到200多萬美元，這樣的成功操作在經過美國《時代》(*Times*)雜誌報導後，其所著的《我如何在股票市場賺進兩百萬美元》也成為暢銷書籍。

達拉斯的成功經驗，推翻了參與證券市場必須要有專業經理人的資格，或是要擁有相關的學歷、證照等金融背景的認知，也就是投資人只要願意投注心力在技術分析的領域進行研究，任何人都可以在證券市場上賺到錢。

箱型理論的概念

箱型理論(Box theory)的基本精神在於**支撐、壓力的互換原則**，亦即股價在行進間，會因為短線賣壓出現或是穿越前波壓力後，讓股價產生回檔，此時會產生新的壓力區間；同理，股價也會因為新的買進力道進駐，形成支撐防線。當股價在支撐與壓力之間震盪時，這個股價的震盪範圍，就可以稱為「箱型」或是「股票箱」。

股價在箱型中運動的過程中，通常會出現上漲量增，下跌量縮的量價關係，其中量增止漲的高點會鄰近箱型的頂部，而量縮止跌的低點會鄰近箱型的底部。當震盪進行到箱型末端時，便會出現量縮價穩的結構，兩條均量線5MV和21MV也會靠近。當股價要突破箱型之前，主力會在整理末端做出洗盤點的訊號，接著量增攻擊，並以「**滾量盤**」的模式上攻居多，接著在關卡前、後會再做一次洗盤訊號。關於這一方面的詳細討論，請參閱「《主控戰略成交量》書中的描述，至於跌破箱型底部，就不需要出現洗盤點的訊號。分辨箱型震盪是對多頭有利，亦或是對空頭有利，仍須以相對位置與浪潮走勢進行研判。

從《圖 3-1》中，可以理解股票箱的基礎概念。當股價行進間出現高低折線後，便可以利用折線高低點定出箱頂與箱底觀察，在標示 A、C、E、F 由於接近箱底，同時也出現量縮的技術現象，所以很容易形成止跌的技術線型。

當股價從低點向上反彈接近箱頂時，發現在標示 B、D 出現 爆量止漲的技術線型，這種量能模式稱為「**中指量**」。

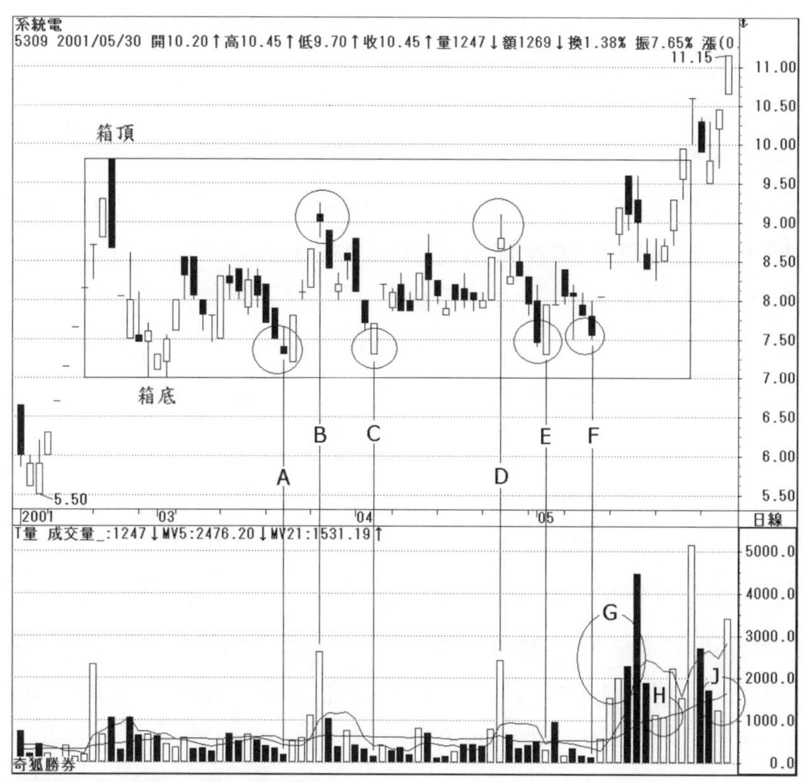

《圖 3-1》 箱型理論的基本概念

而在標示G時出現「**滾量盤**」，讓股價拉出一段較強勢的攻擊波，接著壓回的走勢並沒有回到箱底，並在標示H呈現量縮的現象，亦為「**凹洞量**」的技術現象。這裡便是主力打出的第一次洗盤訊號。

當股價突破箱頂時，以連續漲停的走勢帶量突破，並且在過箱頂後再度拉回以「凹洞量」做第二次的洗盤點，如標示J，而股價也在標示J之後急漲到16.6元才產生股價回檔。回顧股價在上漲前的震盪，正是標準的箱型走勢。

當我們細究箱型理論的發展，是否源自於道氏理論中的箱型整理型態？筆者認為非常有可能。在筆者實際操作的領域中，一直以來便將箱型視為「整理型態之母」，亦即所有整理型態的基礎就是箱型整理，再由實際走勢的調整，變化出「三角型」、「旗型」、「楔型」與所有的反轉型態。這部分的描述，將在撰寫《主控戰略道氏理論》中詳細描述。

既然在股價行進過程中出現了整理型態，那麼只要整理成功，就形成原始趨勢的「中繼站」，也因為如此，「箱型」便具備了測量的功能。一般我們可以利用「槓桿原理」計算，也可以利用「**跳箱原理**」，以箱型的高低幅度做「**堆箱**」、「**疊箱**」的計算，亦可以觀察支撐、壓力、多空力道的變化，並運用到實際操作中的停損、停利點上。

這些原則將在後續的討論中一一出現。接著我們先將尼古拉·達拉斯所發表關於箱型的重點，經過整理並加上筆者思維，描述如下：

一、只買會上漲的股票。

當股價產生上漲走勢時，才會產生價差，而上漲又分為緩漲與急漲。投資人想要從投資股票獲利，必須選定有機會產生鉅額價差的個股進行操作，沒有上漲機會或是上漲的力道不足者，就不是介入操作的首要選擇。因此挑選有機會急漲的線型便為研究技術分析的重要課題之一。

二、專注價格與成交量變化。

當股票經過整理，以量增走勢突破股票箱時，從技術面上的基本觀念，就代表這是有機會上漲的股票，值得操作者買進。雖然基本面對於股價的漲跌仍具有一定程度的影響性，但是往往會落後技術面走勢，因此操作者只要選定基本面沒有疑慮的公司觀察即可，操作時以價格與成交量的變化為主要依據。

三、掌握正確時機。

當我們將某一個階段的高低區間視為股票箱時，股價能夠帶量突破股票箱的頂點，便屬於第一次介入時機。在股票箱內的漲跌震盪，只採取觀望態度，並不採取行動。突破股票箱後若能上漲二個股票箱，甚至三個股票箱時，便可以確定該股為強勢股，也就是強勢的上漲行情已經開始，後續仍將可以進場買進，此法的運用時機必須注意相對位置與操作級數。

四、擁抱最強勢的股票操作，直到不再獲利為止。

當持有一檔股票之後，只要股價沒有跌破前一個股票箱的箱頂之下，就不賣出。因為沒有人可以預期在上漲中的股票，漲勢會在哪裡結束，因此只要沒有跌破觀察點以前，箱子堆、疊的力道將會持續發酵。

五、設定停損點，控制風險。

在操作過程中，免不了會產生錯誤決策，為了降低由於錯誤的操作所造成的損失，必須善設停損點控制風險。當股價碰觸到停損點時，要毫不猶豫立刻出場。

達拉斯的操作法則專注在波段的操作上，這是獲取最大利潤的方法之一。但是在股價波動過程中，以盤整的時間居多，目前的金融商品尚有指數期貨與選擇權交易，這些商品的感槓桿倍數高，對於習慣短線操作者，可以在假設的股票箱高低區間界定好之後，於股票箱內短線來回操作，賺取短線價差。

在操作短線時，必須注意到長、短線的對應關係，以台指為例，假設我們認定日線將進入箱型整理的格局，那麼理應在日線格局中界定高低區間，然後退到分線進行操作。因為參考的層級(日線)與操作的層級(分線)的不同，將會有長線保護短線的作用，而在日線級數的箱型震盪，在分線的格局中，自然會變成是波段操作了。

在實際操作過程中，當突破箱型震盪的箱頂時，原本在短線的操作，應該回歸到日線層級的波段考慮。而箱型理論宜與本書第1章波動原理配合。並注意支撐壓力之間的對應關係。

支撐與壓力的變化

當股價出現正反轉的走勢時，其正反轉的低點就可以視為**支撐**；當股價出現負反轉的走勢時，其負反轉的高點就可以視為**壓力**。在正常的情形下，壓力被突破之後，其原本代表壓力的作用就不存在，支撐被跌破之後，其原本代表支撐的作用就不存在。

了解支撐、壓力是如何形成之後，利用《圖 3-2》便可以推論支撐壓力之間常見的變化關係。比如，當股價形成正反轉之後，隨即出現負反轉，且負反轉之後的走勢跌破正反轉的低點，亦即跌破支撐，此時包含正反轉低點到負反轉高點之間的距離都稱為壓力，又稱為「**壓力帶**」。

形成壓力帶不一定是簡單的轉折而已，也可以是一個震盪區間，如圖中標示H1～L1、H2～L2之間。當股價在區間震盪的過程中，還不能定位這個區間是支撐或是壓力，必須等到針對這個區間的上緣(定位為短期壓力)，或是這一個區間的下緣(定位為短期支撐)，進行壓力的突破或是支撐的跌破之後，這個區間的意義才會顯現出來。所以區間被跌破該區間帶就成為壓力，區間被突破該區間帶就成為支撐，通常震盪的時間越長，累積的成交量越多，代表的支撐或壓力作用將會越明顯。

在《圖3-2》中，因為H1～L1的震盪區間下緣L1被跌

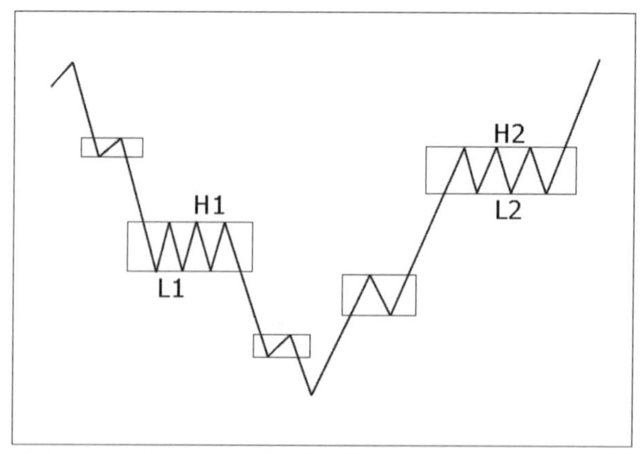

《圖3-2》支撐與壓力之間的關係

破，因此標示H1～L1就成為一個壓力區間帶，當股價進行反彈格局時，只要股價進入標示H1～L1的區間帶，走勢正常會反應出解套的賣壓，上攻的力道也會因為撞到壓力而顯得趨緩，當股價突破標示H1的上緣時，就稱為「**突破壓力**」，亦稱為「**完全解套**」，且不需要考慮突破多少價位，甚至是突破多少天。

突破壓力之後出現拉回震盪的走勢，都被視為正常的股價波動，此時我們推論未來股價的走向時，只有兩種假設：

一、如果震盪過程中對多頭有利，當突破震盪區間的上緣，即標示H2時，稱為「**多頭表態攻擊**」，股價將會反應上攻的走勢，這裡必須觀察「**真假突破**」的行為。而多頭發動攻擊之後，便宣告標示H2～L2的區間為支撐帶。

二、如果震盪過程中對空頭有利，當跌破震盪區間的下緣，即標示L2的位置時，稱為「**空頭表態攻擊**」，股價將會反應下跌的走勢，這裡必須觀察「**真假跌破**」的行為。而空頭發動攻擊之後，便宣告標示H2～L2的區間為壓力帶。

支撐與壓力是原本就存在於線圖之上，屬於歷史資料，與目標推算的值尚未出現不同，而且支撐壓力會反映出自然界的「慣性作用」，亦即突破壓力會作壓回的動作，跌破支撐會作反彈的動作，這並非「預設立場」。此外，必須提醒投資人注意，突破與跌破之後的走勢才是決定未來走勢關鍵，並非突破壓力就絕對看好，跌破壓力就絕對看壞，亦即在研判的過程須保持一點彈性。

箱型停損與停利點的設置

利用箱型理論操作的目的，是為了擷取較大波段的操作利潤，因此其停損、停利點的設置原理，便與股價波動的箱型產生關聯。我們將箱型理論中，比較常用的停損或是停利法則列舉，提供投資人參考。

一、當股票箱從小箱子的上漲幅度，變成大箱子的上漲幅度，代表上漲力道增強，上漲箱幅沒有減弱以前，多單不需要考慮退出。反之，當股票箱從小箱子的下跌幅度，變成大箱子的下跌幅度，代表下跌力道增強，下跌箱幅沒有減弱以前，空單不需要考慮回補。

二、當股票箱產生向上堆、疊時，其前一個箱頂為觀察價，沒有跌破該箱頂時，不需要考慮退出。如《圖 3-3》所示，當在標示A突破箱頂上漲後，股價於第3個箱子內震盪時，以標示L2的位置為觀察價，而在標示B再產生突破時，改以第3個箱子的箱頂為觀察價。

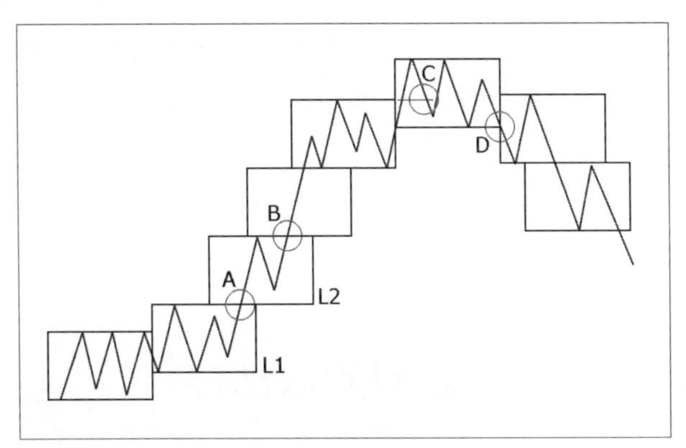

《圖 3-3》箱型理論中的停損停利點

三、當預估的股票箱的頂點未到，反而向下再走一個股票箱的幅度，代表多空力道已經易位，操作者也可以順勢做退出的動作。

四、當新的股票箱在震盪過程，已經跌破前一個箱子的頂部，暗示上漲走勢已經減弱，作多者可以考慮退出時機，如《圖 3-3》中標示C所示。

五、當股票箱從上升的走勢，有機會轉變成為下降的箱型時，最後上升的箱子底部，就是最後退出觀察點。如

《圖 3-3》標示 D 所示。

在跌破箱型的觀察點之後，是否需要當機立斷立刻退出？還是等待反彈出脫的時機？因為上述所討論的觀察點，都帶有為支撐的意義，在跌破支撐後，正常情形下都會有一段明顯的反彈波動，除了在當時時空背景不佳，例如加權走勢已經盤頭下殺或是遭逢利空侵襲外，一般操作的原則為跌破支撐後，反彈時逢高才退出。這部分的細節，我們將留在第 4 章討論。

箱型的取法

學習技術分析者如何界定「箱底」與「箱頂」呢？依股市前輩的經驗與筆者實際操作的體會，大致上可以區分為八大類。部分技巧曾在《主控戰略 K 線》的讀友會中與投資人分享，當時曾經參加該活動的投資人有限，未能將這些技巧、觀念做全面性推廣，因此決定將這些內容收錄在本書中，希望能提供在坊間書中讀不到的觀念，給技術分析的愛好者一些參考。

這八種方法簡單敘述如下：

一、**整數關卡取箱**：股價在波動過程中，對於整數的數字，比如5的倍數，通常會有心理因素的參考價值，在穿越整數關卡時，很容易就會有短線上的轉折變化，因此有部分股市前輩，習慣針對5的倍數切割股價的波動空間進行觀察。

二、**倍數取箱**：當股價由低檔起漲時，漲幅滿足最低點起算的10%、20%、30%......等百分比倍幅時，容易產生獲利回吐的賣壓，自然在股價上就會形成轉折，這個轉折也就是所謂的箱頂。除了這些百分比的倍幅外，整數倍幅也是重要的參考數據。

三、**折線取箱**：股價在上漲或是下跌過程中，如果產生轉折，便完成了該層級線圖中某一個漲跌的段落，因此我們可以利用該段落取箱觀察與推演未來可能的走勢。

四、**平行線取箱**：股價的漲跌過程中，常有依循特定軌道震盪的特性，這種軌道又以平行軌道居多。利用這種特性，可以取出股價的箱型。

五、**浪潮理論取箱**：股價在上漲或是下跌過程中，往往依循潮汐或是波浪的規律進行，因此我們便可以利用不同層級線圖中，某一個漲跌的潮汐或波浪的高低幅，當作箱子觀察，並可以利用該箱型推演未來可能的走勢。

六、**量價關係取箱：**從量能推演到K線上，找出關於股價走勢中，短期的關鍵觀察價位，並以此價位區間的最高價與最低價，當作箱頂價與箱底價進行股價強弱的研判。

七、**指標原理取箱：**從指標所產生的訊號推演到K線上，找出關於股價走勢中，短期的關鍵觀察價位，並以此價位區間的最高價與最低價，當作箱頂價與箱底價進行股價強弱的研判。

八、**型態原理取箱：**完成任何道氏理論中的型態基礎，都可以視為一個箱型，因此利用道氏型態取箱觀察，亦可恰當的推演股價未來可能的走勢。

如果要利用整數關卡取箱，可以善用軟體的畫線工具，先將所有關卡價畫出來，這種方法的缺點是在刪除之後，重畫時相當麻煩，不如利用軟體設計公式的功能，撰寫簡單的指標程式，需要利用整數關卡觀察股價時，將該指標叫出展示在K線圖上，不需要使用時移除即可。

請看《圖 3-4》，指標設計的程式語法如圖所示。公式設計了N、P兩個輸入變數，可讓投資人根據股價的實際需求，自行調整恰當的參數。

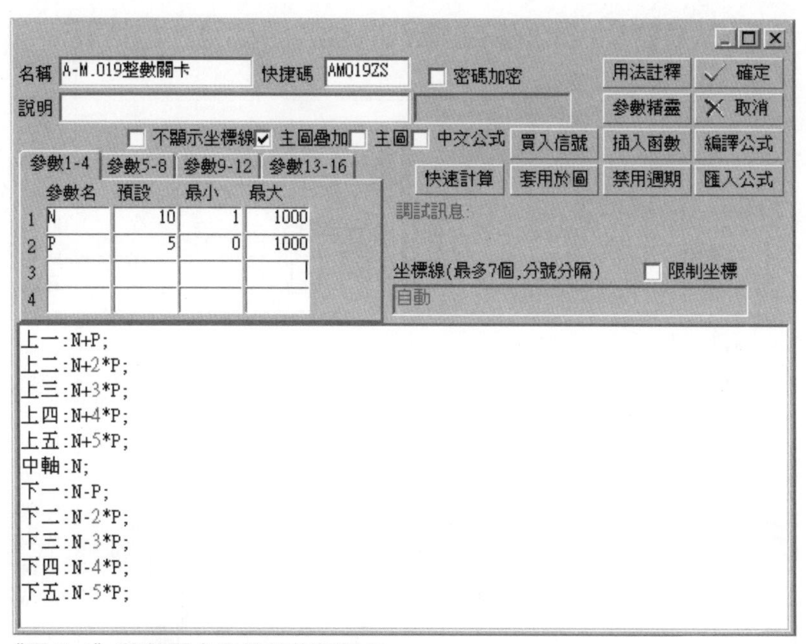

《圖 3-4》整數關卡取箱的指標設計

請看下頁《圖 3-5》。將設計好關於整數關卡的指標，套用在實際K線圖的走勢觀察。在運用時，先輸入第一個變數N值，這一個數字只要大概在當時股價波動的中間位置即可，但是必須是5的倍數為最佳。接著再輸入第二個變數P值，這個數據通常是5，一般是不需要調整，除非股價相當便宜，或是非常昂貴，才需要根據實際股價進行調整。當指標套入友達股價走勢圖時，我們會發現震盪的關鍵，與指標所畫出來的整數水平關卡，有相當程度的契合。

《圖 3-5》整數關卡取箱的範例

與整數關卡取箱有些類似的取箱方法，為倍數取箱。倍數取箱的指標設計請看《圖 3-6》。公式中設計了 N 、 P 兩個輸入變數，可讓投資人根據股價的實際需求，自行調整恰當的參數。N代表的是週期數，目的是為了捉到觀察的恰當低點，通常數字越大越好。P的變數則為百分比數字，從公式中可以得知，輸入 1 就是畫出上漲 1 成的水平間距，輸入

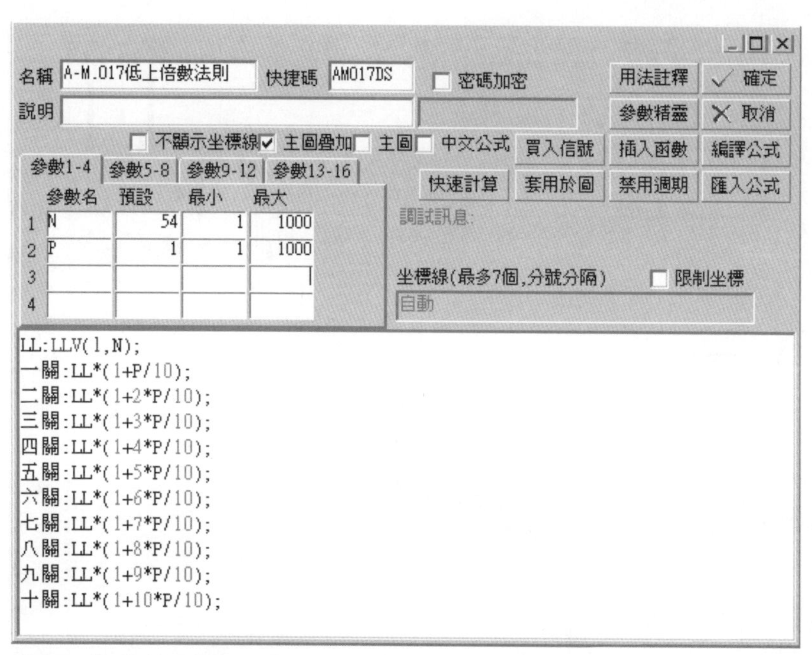

《圖 3-6》倍數取箱的指標設計

2 是畫出上漲 2 成的水平間距。假設投資人要計算向下計算的指標，只要將公式中的計算式加以調整即可。

請看下頁《圖 3-7》。我們將倍數取箱的指標套在友達股價上觀察，從低點17.2元往上畫出間隔一成的幅度，N值輸入100的目的是要觀察比較長的週期。從圖形中可以很明顯的發覺，股價在上漲過程中，針對水平關卡所呈現的走勢變化。

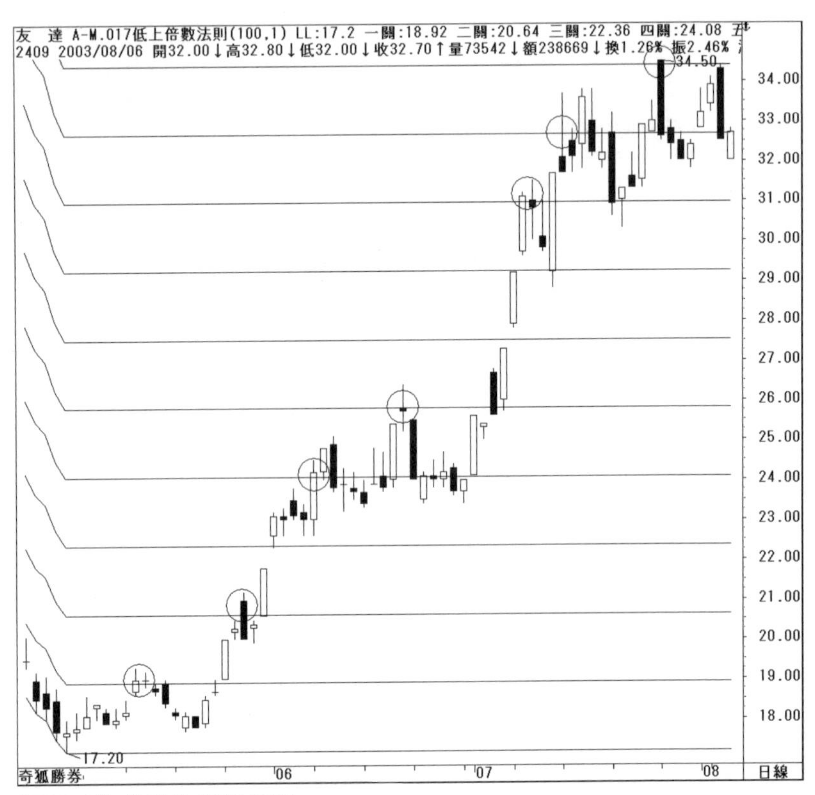

《圖 3-7》倍數取箱的範例

利用整數關卡與漲跌倍數進行取箱，相對於股價走勢的活潑與多變，顯然有比較僵化的感覺，如果要更貼切的顯示股價走勢的波動，應該針對股價實際走勢變化進行取箱。本單元所揭示的八種法則中，除了第一和第二種屬於比較制式化之外，其餘取箱方法都與實際股價走勢的變化有關。

請看《圖3-8》。當股價從低點向上漲升一個段落之後，股價一產生回檔，就會產生折線。這一個折線是上漲的第一個力道，我們便利用這一段當作上漲的箱型，也就是圖中標示H～L的範圍。

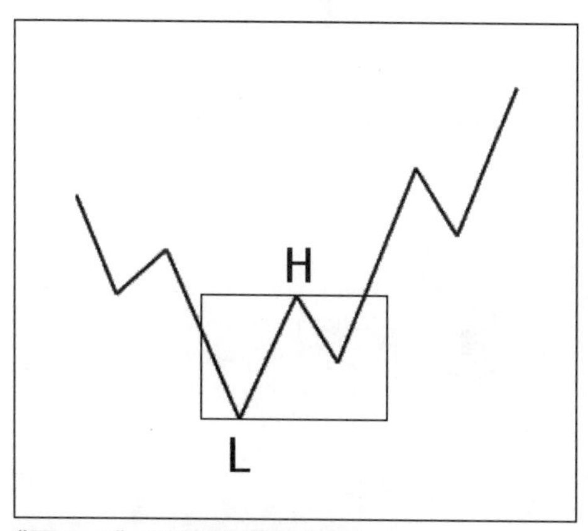

《圖 3-8》 折線取箱的圖示

接著請看《圖3-9》的實例說明。旺宏股價從3.88元的低點向上急速漲升，當股價一出現日落線或是高點縮頭之後，第一段上漲的折線就已經完成，故取第一段上漲的高低點，當做觀察的箱幅，這一個箱幅又稱為**原始箱型**。

在預估未來可能的走勢時，依照走勢強弱，計算方法會略有不同。因為當時旺宏股價走勢強勁，所以直接將原始箱

《圖 3-9》 **折線取箱的範例**

型的幅度往上計算。結果走勢圖在標示A，穿越第二個箱幅的頂部時，同時出現賣壓，導致股價收黑，這樣的股價變化，完全合乎箱型走勢的慣性。

箱型也可以套用於比較原則。圖中第一個箱子內的回檔幅度比較淺，而第二個箱子內回檔的幅度比較深，因此就可以懷疑上攻的力道減弱，未來是否可以滿足下一個箱幅，值得投資人密切注意。

結果股價在上漲第三個箱子幅度時，尚未滿足箱頂價格，就產生拉回，並在標示B跌破第三個箱子的箱底，亦為第二個箱子的箱頂，根據箱型理論的運用法則，這是轉弱的跡象，必須要伺機退出該股。

所以後續再度上漲的走勢，是準備找退出點，而不是再找介入點，至於會不會再度創高，並不在箱型法則的推演範圍內。但是如果再度創下新高點，亦即標示C，同時也滿足了第三個箱子的頂部，在之前曾經跌破箱底支撐(標示B)的走勢背景下，標示C的穿越走勢，往往是短線的絕對賣點。

請看《圖3-10》。股價在漲跌過程中，往往會依循平行軌道進行波動，尤其以緩漲、緩跌的走勢最為明顯，故可以根據走勢進行取箱的動作。通常在緩漲走勢中，第一段拉抬結束之後，股價回檔幅度會比較深，因此很容易便可以定位出第一個箱型，進行未來走勢的推演。

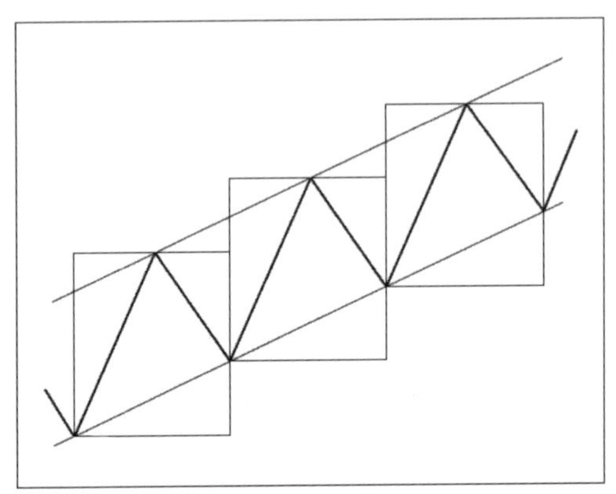

《圖 3-10》平行線取箱的圖示

接著請看《圖 3-11》平行線取箱的實際範例。精英股價從 17.5 元開始反彈，在這裡先標定為 L 點，當上漲到標示 H 的位置時，出現明顯的回檔修正走勢到標示 L1 的位置，因此就可以先將 H～L 的範圍，設定為一個箱幅，亦即原始箱型。

股價從標示 L1 開始再度上漲時，我們便可以將原始箱型的幅度，從標示 L1 的低點向上加，當標示 A 穿越第二個箱子的頂部時，代表箱子的力道已經被用完，股價短線的走勢很容易產生回檔，因此為短線找賣點的思維。

股價最後從標示 A ，回檔到標示 L2 的位置止跌，當股價再度向上推升時，我們將原始箱型的幅度，從標示 L2 的

《圖 3-11》 平行線取箱的範例

低點往上加，股價在標示B的位置穿越第三個箱子的頂部，同樣的，這裡是找賣點的位置，不是思考再度進場的位階。後來股價回檔並再度向上漲，這次的上漲未滿足原始箱型的幅度，也無法再創新高，暗示股價有轉弱的嫌疑，因此只要出現空頭攻擊線型，如「空方試探」之類的組合，往往是緩漲結束，股價進入急跌的暗示。

請看《圖3-12》。利用浪潮取箱與利用平行軌道取箱，有些許雷同，但是利用浪潮取箱可以運用的範圍較廣，也可以說幾乎所有的線圖，都可以運用浪潮進行取箱、推演的動作。

《圖3-12》浪潮理論取箱的範例

中環這一檔股票，從 11.25 元的低點開始進行反彈，反彈的過程屬於調整浪潮的走勢，這一段調整走勢我們用方框圈起來，當作一個箱型，即圖中標示H～L的區間。接著股價從H拉回修正結束之後，開始出現上漲走勢並突破箱頂，因此在圖形上建構第二個箱型，最後股價走勢在標示A，穿越第二個箱型的頂部，完成了第二個箱幅。

股價在標示A之後持續向上漲升，因此在走勢圖畫上第三個箱子，股價在第三個箱子內遊走時，我們可以很明顯的與第二個箱子內的走勢比較出來，在第三個箱子內的走勢已經開始鈍化，暗示多頭轉為弱勢，所以在穿越第三個箱子的頂部時，即標示B，往往是短線的絕對賣點。

道氏理論是技術分析中的鼻祖，為學習技術分析者廣泛運用的技巧之一，其中關於反轉型態的部分，更是技術分析技巧中的經典，尤其是利用型態測量預估未來股價走勢的落點，常常有令人驚異的效用。如果用箱型法則討論，每一個反轉型態都可以規劃成一個原始的箱型，如《圖 3-13》所示，那麼未來股價的走勢，就可以畫出另一個箱型作為規劃。

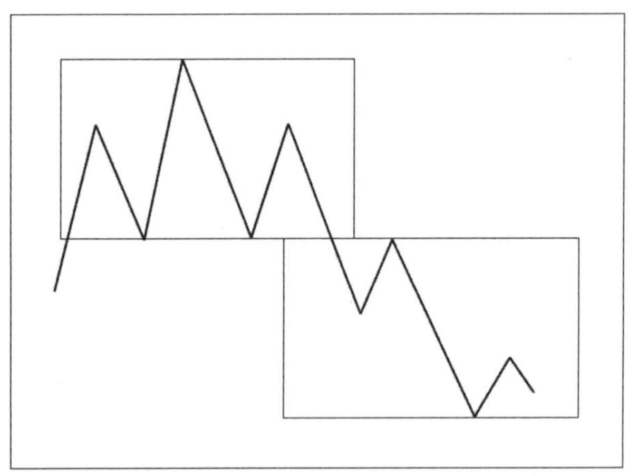

《圖 3-13》 型態取箱的圖示

請看《圖3-14》。威盛股價在創下反彈高點365元之後，出現一個類似「**頭肩頂**」的頭部型態，我們可以利用箱型法則，先將頭部區域以方框畫出來，此即為原始箱型。當股價跌破箱底時，就可以將原始箱型往下加畫，在標示A正好滿足第二個箱型的底部，故為標準走勢。

《圖 3-14》 型態取箱的範例

有部分的程式設計高手，利用股價波動走勢設計出自動取箱型的指標，在國外的軟體網站中也有相關的討論，在國內則有奇狐論壇(http://www.chiefox.com.tw/bbs/)提供專門討論指標程式的撰寫，如果投資人也是運用該軟體，可以到論壇中進行搜尋「股票箱」的相關公式。

在《圖 3-15》與《圖 3-16》中，所展示的指標即為奇狐論壇中，撰寫程式的高手們所分享的股票箱指標，為尊重程式設計者的智慧財產權，不在此處將程式碼公開，請有興趣的投資人到論壇內搜尋即可以找到該公式。

《圖 3-15》 廂型指標的範例(一)

《圖 3-16》 箱型指標的範例(二)

箱型的目標計算原理

利用各種不同工具對未來股價可能的走勢進行目標的預測，其目的只是為了分辨相對位置的高低，並且定位出在操作策略過程中的風險，因此估算的目標值並非一定要滿足不可，當股價在行進間如果破壞原始走勢的力道，估算的目標就有可能無法滿足。有時是因為計算的基礎或是方法產生偏差，那麼更無法精確的估算到該滿足的目標區。

在技術分析的領域中，估算未來目標區的方法相當多元，但是無論如何都會符合自然律，因此不同的測量工具所預估出來的目標，會有重疊的現象，根據這樣的現象，我們可以同時使用不同工具進行交叉比對，使估計的目標值與未來的實際走勢值更接近。

假設操作者不擅長運用測量，那麼只要善設停損或是停利點進行操作即可，一樣可以遊刃有餘，不需要汲汲營求眾多推測目標的方法。

從箱型理論的角度探討，未來目標區的推估可以分成兩大系統，一個是N型法則的運用，一是利用箱子堆、疊的運用，茲討論如下。

請看《圖 3-17》。當股價從標示 L0 的位置開始上漲，當這個段落漲勢結束之後，股價走勢進入震盪，假設如圖所示為一個接近箱型的區間整理，其高低點分別為 H、L，當股價在震盪之後突破H值，並展開另外一段的漲勢時，則該漲勢可能的目標區＝ H ＋ L － L0 。此即 N 型測量法則。

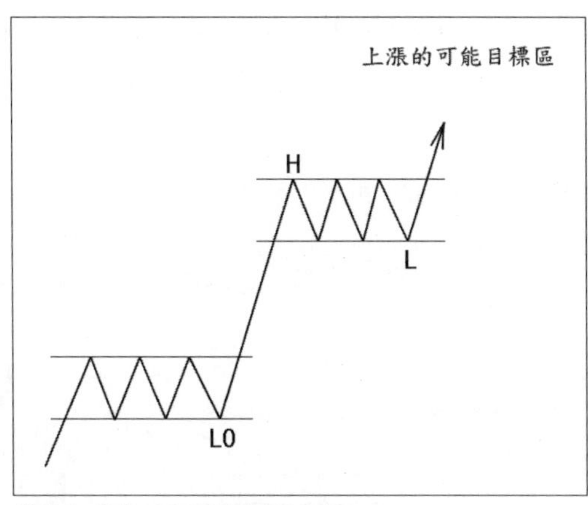

《圖 3-17》N 型測幅的圖示

請看《圖3-18》。台積電股價從47.4元開始上漲一段明顯的波段走勢，並在63元呈現明顯的止漲後拉回修正，修正時以56元為低點支撐進行區間震盪，因此將63元～56元設定為一個箱型走勢。當股價在箱型震盪結束之後，突破箱頂價63元，那麼根據N型法則測量未來可能的目標區＝63＋56－47.4＝71.6元，最後股價在穿越71.6元的目標後，到達最高價72.5元呈現黑K止漲，接著進行拉回修正的走勢，完全符合N型法則測量定律。

《圖3-18》N型測幅的使用範例

另一種箱型測量的運用技巧是堆箱、疊箱，請看《圖3-19》。所謂的疊箱，是在計算箱型時，兩個箱子會互相重疊，堆箱則是在計算箱型時，只有箱頂價與箱底價接觸而已。

一般而言，股價走勢是屬於調整者，需利用疊箱計算，如果走勢呈現攻擊走勢，則需要用堆箱計算。兩種計算方法在同一個週期的走勢中，可以交互使用，以達到最佳的推演目標效果。

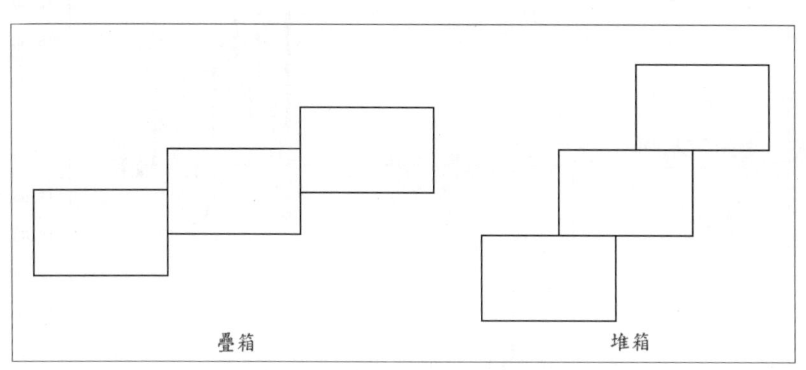

《圖3-19》跳箱原理的圖示

請看《圖3-20》。英群股價在上漲過程中，產生的第一個箱型幅度＝12－10.05＝1.95元，股價突破箱頂價12元時，就可以利用箱型測量原理進行未來的目標預估。

如果是用N型法則，目標＝12＋10.05－7.7＝14.35元。如果是用箱子的堆疊，則目標分別為：12＋1.95＝13.95元，13.95＋1.95＝15.9元。最後股價在穿越14.35

《圖3-20》堆箱原理的範例

元後，隔一筆再穿越 15.9 元，立即收黑止漲，完全符合股價波動的原理。

實際運用範例

請看《圖 3-21》。

一、英群股價在下跌過程中，出現標示A的箱型，其箱幅為 23.1 － 16.7 ＝ 6.4 元。其中箱頂價 23.1 元為重要的壓力。

二、接著出現標示 B 的箱型，其箱幅為 15.5 － 12.05 ＝ 3.45 元。其中箱頂價 15.5 元為重要的壓力。

三、比較A、B兩個箱型，A的箱幅比較大，代表23.1元的壓力比較重；B的箱幅比較小，代表15.5元的壓力比較輕。

四、突破 15.5 元對多頭就會形成有利的走勢了，突破 23.1 元對多頭將會更加有利。

《圖 3-21》 箱型理論範例之一

請看《圖 3-22》。

一、英群股價從 7.65 元開始上漲到 12.35 元，將此區間定為原始箱型，其箱幅＝ 12.35 － 7.65 ＝ 4.7 元。

二、接著利用箱幅往上計算第一個目標區＝10.8＋4.7＝15.5 元，結果被高點為 15.6 元的黑 K 穿越，同時穿越前波箱頂 15.5 元的壓力。

三、接著再計算第二個目標區＝ 15.5 ＋ 4.7 ＝ 20.2 元，與第三個目標區＝16.5＋4.7＝21.2 元，以上目標均滿足，並同時穿越前波箱頂 23.1 元的壓力。

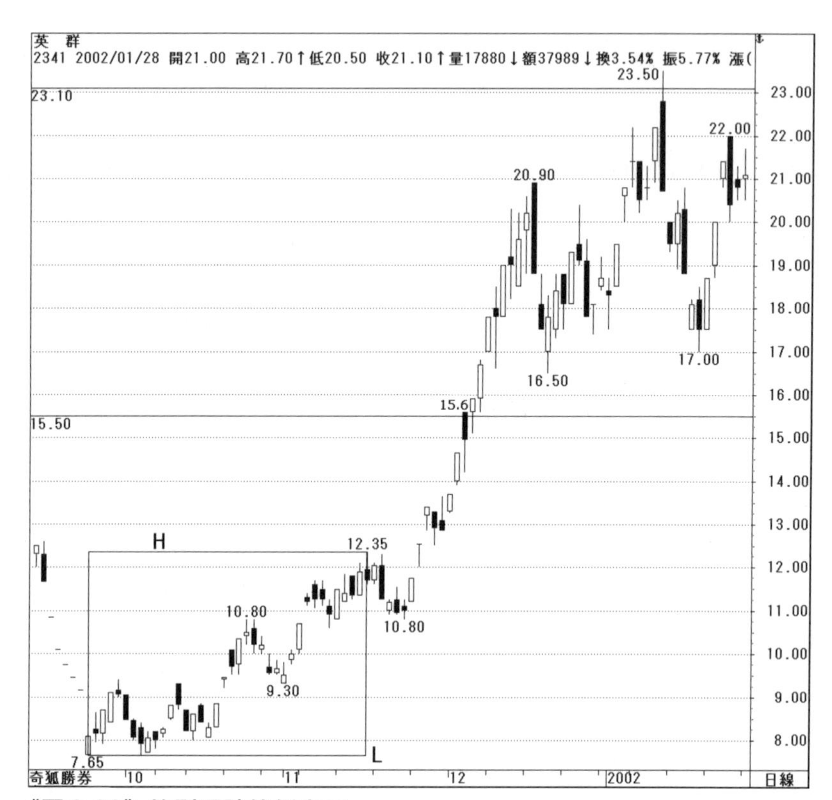

《圖 3-22》箱型理論範例之二

請看《圖 3-23》。

一、因為前波箱頂23.1元的壓力相當重，在經過上漲滿足多次箱幅後突破重壓，股價進入比較大的震盪走勢相當合理。

二、在震盪過程中，取震盪的最高點23.5元為箱頂價，震盪的最低點16.5元為箱底價，箱幅＝23.5－16.5＝7元。

三、從23.5元拉回的過程中，向下的第一個箱型幅度＝23.5－17＝6.5元，第二個箱型幅度＝22－16.5＝5.5元，箱幅縮小代表下殺力道減弱，未來只要出現上漲箱幅轉強，對多頭就會相當有利。

《圖 3-23》 箱型理論範例之三

一、在《圖 3-24》中，當股價從 16.5 元開始上漲時，第一個箱子的幅度＝23.5－16.5＝7 元，上漲箱幅已經比下跌箱幅大，故對多方有利。

二、再利用箱子堆、疊的原理進行計算未來可能的上漲區，目標分別為：20.5＋7＝27.5 元、27.5＋7＝34.5 元、34.5＋7＝41.5 元，最後股價穿越 41.5 元後，創下 43.3 元的高價後收黑，並進入大幅拉回的走勢。

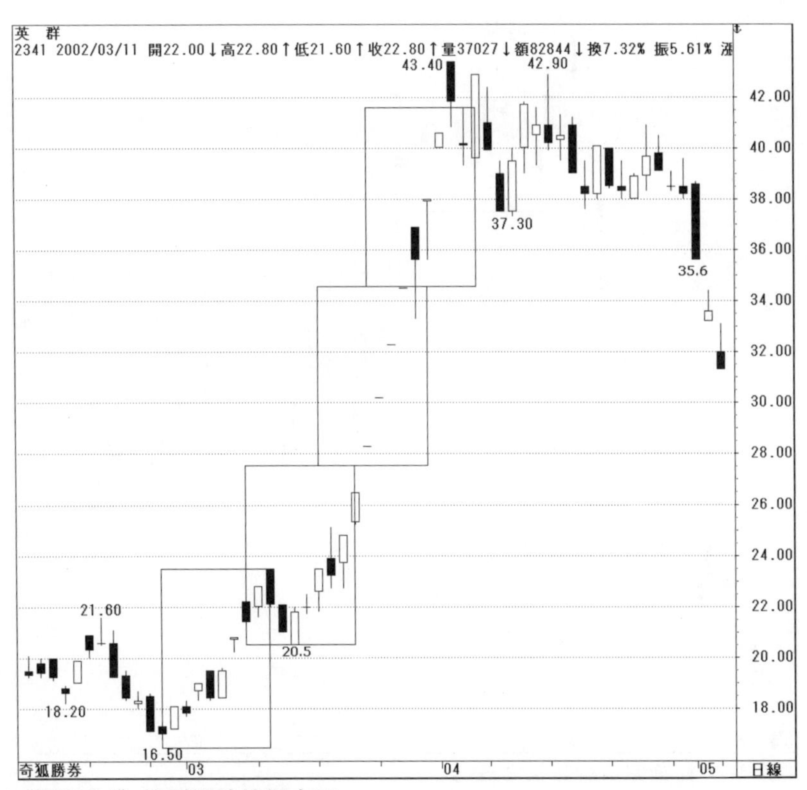

《圖 3-24》箱型理論範例之四

一、在《圖3-25》中，在最後的上漲走勢中，其原始上漲箱幅為7元，從最高點43.4元向下扣減，下跌目標＝43.4－7＝36.4元、36.4－7＝29.4元，最後跌到27.5元，代表空頭走勢越來越強。

二、當空頭走勢確定轉強之後，進入震盪走勢，取其箱頂價為32.4元，箱底價為26元，箱幅＝32.4－26＝6.4元。

《圖3-25》箱型理論範例之五

一、在《圖3-26》中，當股價跌破箱底時，代表空頭作用持續向下，利用N型法則保守測量可能的目標＝32.4＋26－40.9＝17.5元，在創下16.6元低點的當筆滿足，並隨即出現反彈，所以是合理的走勢波動。

二、如果利用箱子的堆、疊進行計算，則目標＝26－6.4＝19.6元，股價走勢也有穿越滿足，並在隔兩筆創下16.6元的低點反彈，仍屬於合理的走勢波動。

《圖3-26》箱型理論範例之六

一、在《圖3-27》中，圖形中16.6元的低點，正好回到前一波上漲的起漲點16.5元，在滿足下跌目標，又逢前波支撐的背景下，出現股價反彈為正常的走勢。

二、未來股價出現反彈的走勢如果無法讓多頭轉強，仍然要提防空頭力道繼續肆虐，因此這裡的操作策略只能夠定位在搶反彈操作。

《圖3-27》箱型理論範例之七

一、在《圖3-28》中，股價從16.6元開始反彈到24.8元止漲拉回，計算其原始箱型的幅度＝24.8－16.6＝8.2元。

二、當股價拉回到20.8元之後，繼續向上反彈，利用疊箱計算其可能的上漲目標＝20.8＋8.2＝29元。

三、股價最高只反彈到28元就收黑止漲，代表多頭反彈力道不足。

《圖3-28》箱型理論範例之八

請看《圖 3-29》。

一、當股價反彈到 28 元後止漲拉回，將第一段下跌的走勢設定為原始箱型，其原始箱幅＝ 28 － 19 ＝ 9 元。

二、接著股價作一個小反彈後持續向下，利用原始箱幅向下計算，其目標＝ 21.6 － 9 ＝ 12.6 元，最低殺到 12.5 元滿足目標後，股價開始出現急速反彈。

三、這一次反彈的高點在 20 元，從這裡再計算另一個下跌箱幅，其目標＝ 20 － 9 ＝ 11 元，該價位仍有滿足。

四、最後一個箱子內的股價走勢已經趨緩，代表空頭的力道已經在慢慢減弱。

《圖 3-29》 箱型理論範例之九

請看《圖 3-30》。

一、台苯股價從23.9元下跌，過程中出現一個箱型的震盪，箱頂價為 20.2 元，箱底價為 17 元，箱頂價 20.2 元為未來重要的壓力之一。

二、該箱型的箱幅＝20.2－17＝3.2元，如果利用箱幅計算堆、疊可能的目標，則分別為：17—3.2＝13.8元，13.8 — 3.2 ＝ 10.6 元。

三、股價在穿越 10.6 元後，創下 9.8 元的低價，並從此處開始出現反彈波動，故屬於合理的走勢。

《圖 3-30》 箱型理論範例之十

請看《圖 3-31》。

一、當股價從 9.8 元開始反彈的過程中，第一個箱子的幅度＝14.4－9.8＝4.6 元，利用箱子堆、疊計算未來可能的目標區，分別為：10.2＋4.6＝14.8 元， 14.5＋4.6＝19.1元，股價在走勢過程中穿越目標價相當多，代表多頭力道一直在增強。

二、 在上漲過程中，也將前波箱頂價的壓力 20.2 元突破，接下來股價若進入比較長時間或是幅度較大的震盪，均屬於正常的走勢變化。

三、我們也可以將 9.8 元到 22.6 元當成一個大箱子，並計算其箱幅 =22.6－9.8=12.8 元。

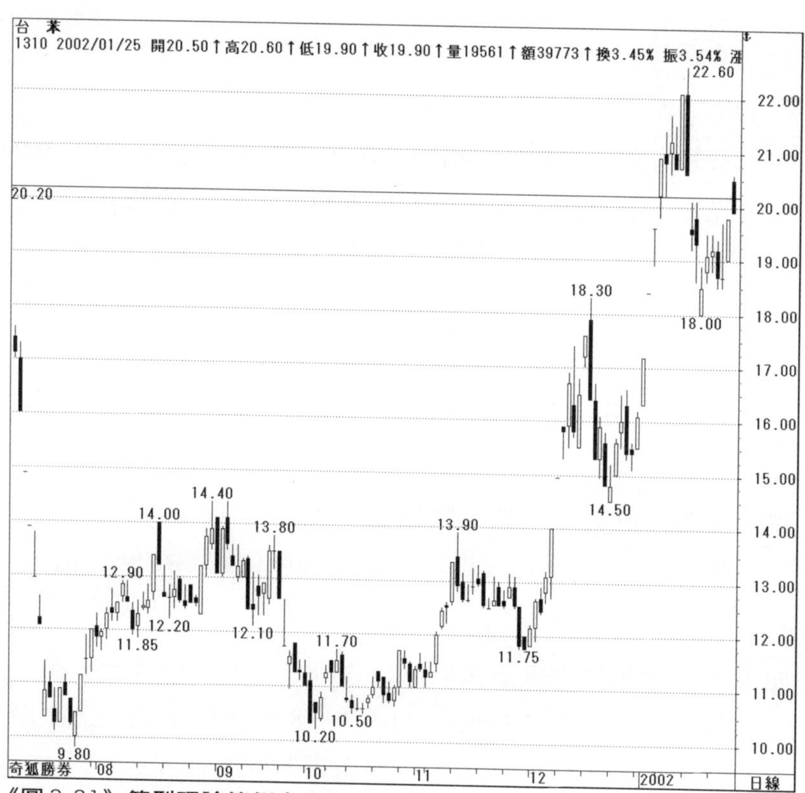

《圖 3-31》 箱型理論範例之十一

請看《圖 3-32》。

一、台苯股價從 9.8 元開始向上反彈，在突破前波壓力 20.2 元後的調整對多方有利，故股價突破箱頂價22.6元時，暗示開始進行另一個波段的上漲走勢。

二、利用箱型中堆箱、疊箱的原理計算其未來可能的目標＝ 18 ＋ 12.8 ＝ 30.8 元，滿足後壓回到 28.8 元。

三、接著再計算一次箱幅的目標＝ 28.8 ＋ 12.8 ＝ 41.6 元，最後漲到 41.9 元後出現止漲，股價便開始拉回修正。

四、第二個箱子實際上漲幅度＝ 33.8 － 18 ＝ 15.8 元，第三個箱子實際上漲幅度＝ 41.9 － 28.8 ＝ 13.1 元，上漲箱幅縮小，代表的是多頭上漲力道減弱。

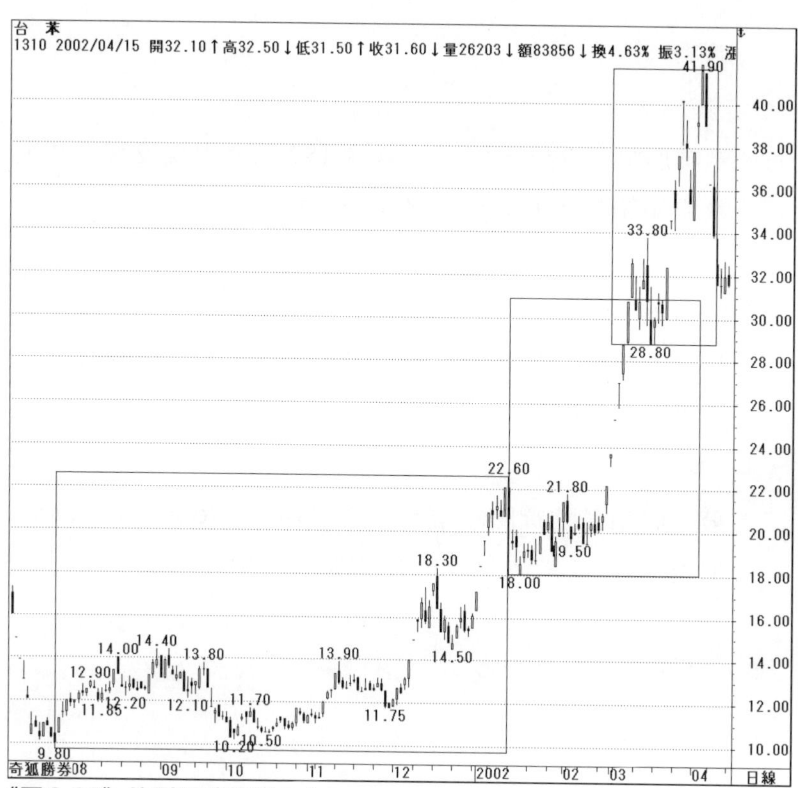

《圖 3-32》 箱型理論範例之十二

請看《圖 3-33》。

一、精英股價從 242 元開始下跌到 187 元才出現反彈，以此為原始箱型，其箱幅＝ 242 － 187 ＝ 55 元。

二、股價從 187 元反彈到 223 元止漲，並開始下跌，從這裡往下計算第二個箱幅，其目標＝ 223 － 55 ＝ 168 元，最後下跌到 147 元才止跌反彈，故為合理的走勢。

三、第二個箱子的實際箱幅＝ 223 － 147 ＝ 76 元，比原始箱幅 55 元還要大，代表的是空頭的力道在增加。

《圖 3-33》 箱型理論範例之十三

請看《圖 3-34》。

一、股價從147反彈，在空頭強勢的背景下，以平行線軌道取箱計算較為恰當，故原始箱幅＝167－147＝20元，接下來利用疊箱計算，其反彈目標分別為：156＋20＝176元，165＋20＝185元。

二、我們發現第二個目標與第三個目標都沒有順利穿越，因此可以假設這是一個弱勢的反彈。

三、當股價止漲從182元開始下跌，利用箱型理論中的N型法則，計算其下檔基本目標區＝182＋147－199＝130元，後續也滿足此目標區。

《圖 3-34》 箱型理論範例之十四

一、在《圖 3-35》中，當利用 N 型法則測量基本目標區 130 元滿足後，股價進行反彈，這是拉高除權的手法，除權後股價繼續下跌，稱為「**貼權**」，不需要將線圖填權觀察。

二、股價持續向下測試，根據N型理論，目標可以更低，因此變更計算的起點，其下檔目標預估值＝ 182 ＋ 147 － 242 ＝ 87 元，實際股價走勢跌到 76 元才出現反彈。

《圖 3-35》箱型理論範例之十五

請看《圖 3-36》。

一、彰銀股價在急跌後，從 16.8 元開始出現反彈，若以 16.8 元到 18.25 元為原始箱型，其箱幅＝ 18.25 － 16.8 ＝ 1.45 元。

二、股價從17.1元後持續反彈，因為走勢不強，故以疊箱計算，其目標區分別為：17.1＋1.45＝18.55元，17.4＋1.45 ＝ 18.85 元。

三、在滿足 18.85 元後股價沒有拉回，換成堆箱計算，其目標＝18.85＋1.45＝20.3元，股價在穿越後，創下反彈高點 21.25 元，且立刻收長黑反轉向下。

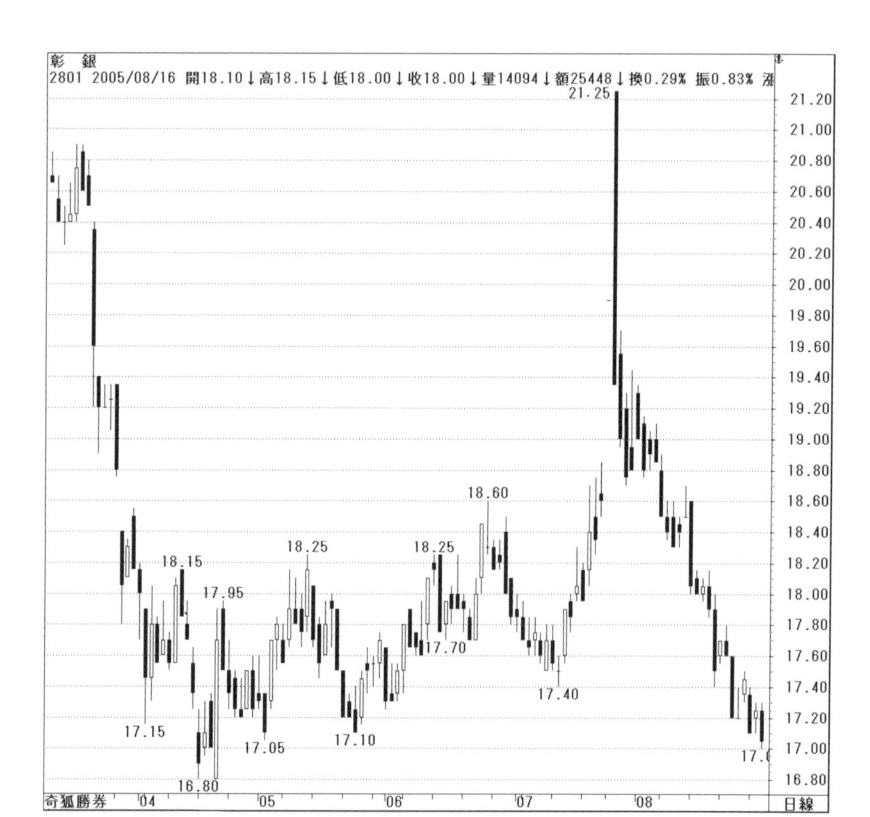

《圖 3-36》箱型理論範例之十六

請看《圖 3-37》。

一、 亞泥股價的月線圖，從8.7元上漲到15.1元，取此為原始箱型，故其箱幅＝15.1－8.7＝6.4元。

二、接著股價從8.8元開始上漲，利用疊箱計算，其目標＝8.8＋6.4＝15.2元，最高上漲到18元後才拉回。

三、第二個箱子的實際幅度為18－8.8＝9.2元，上漲幅度越來越大，代表多頭力道越來越強。

四、從10.75再度上漲時，其目標預估分別為：10.75＋6.4＝17.15元，17.15＋6.4＝23.55元，最後上漲到27.3元才結束。

《圖 3-37》箱型理論範例之十七

一、在《圖 3-38》中，亞泥股價在日線圖中，從 10.75 元開始上漲時，其原始箱幅＝ 12.4 － 10.75 ＝ 1.65 元。

二、分別從 11.6 元、12.8 元、13.4 元的低點計算其疊箱目標，為 13.25 元、14.45 元、15.05 元均滿足穿越，故為多頭主導的反彈行情。

《圖 3-38》箱型理論範例之十八

請看《圖 3-39》。

一、反彈到 16 元的高點後，已經將前波壓力 14.8 元突破，因此可以將 10.75 元到 16 元視為一個大箱子，其箱幅＝16 － 10.75 ＝ 5.25 元。

二、 從股價回檔低點 13.75 元，計算未來可能的上漲目標＝13.75 ＋ 5.25 ＝ 19 元，穿越後沒有立刻拉回，所以用堆箱再計算下一個目標＝ 19 ＋ 5.25 ＝ 24.25 元，事實上，股價止漲點出現在 25.1 元。

三、如果從穿越第二個箱子後拉回的低點計算，其目標＝19.6 ＋ 5.25 ＝ 24.85 元，也是反應在 25.1 元的止漲點上。

《圖 3-39》 箱型理論範例之十九

請看《圖 3-40》。

一、亞泥股價從 27.3 元反轉下跌後，第一段下殺為原始箱型，其幅度＝ 27.3 － 20 ＝ 7.3 元。

二、從 20 元反彈到 23.5 元止漲，利用疊箱原理計算下檔目標＝ 23.5 － 7.3 ＝ 16.2 元，實際上股價在穿越後，於 15.6 元開始反彈。

三、反彈過程中，第一個反彈箱子的幅度＝ 19.4 － 15.6 ＝ 3.8 元，從 16.1 元的低點預估下一個反彈的目標＝ 16.1 ＋ 3.8 ＝ 19.9 元，而股價正好在 19.9 元止漲結束反彈。

《圖 3-40》 箱型理論範例之二十

綜合上述所舉的實例，我們發現只要善用箱型理論，不但可以預估可能的目標，解釋股價波動，更可以推測多空力道的強弱變化，因此屬於可以恰當詮釋股價波動走勢的技術分析理論。

重點整理

一、達拉斯的成功經驗，推翻了參與證券市場必須要有專業經理人的資格，或是要擁有相關的學歷、證照等金融背景的認知，投資人只要願意投注心力在技術分析的領域進行研究，任何人都可以在證券市場獲利。

二、箱型理論的基本精神在於支撐、壓力的互換原則。

三、股價在箱型裡運動的過程中，通常會出現上漲量增，下跌量縮的量價關係。量增止漲的高點會鄰近箱型的頂部，量縮止跌的低點會鄰近箱型的底部。

四、箱型理論的操作重點為：

(1)只買會上漲的股票。

(2)專注價格與成交量的變化。

(3)掌握正確的時機。

(4)擁抱最強勢的股票操作，直到不再獲利為止。

(5)設定停損點來控制風險。

五、箱型的取法有：

(1)整數關卡取箱。

(2)倍數取箱。

(3)折線取箱。

(4)平行線取箱。

(5)浪潮理論取箱。

(6)量價關係取箱。

(7)指標原理取箱。

(8)型態原理取箱。

六、利用箱型理論推演未來目標區的方法分成兩大系統，一是N型法則的運用，一是利用箱子的堆、疊的運用。

買賣的思維與操作

一般學習技術分析的投資人最常遇到的問題是：**如何簡單的操作？**部分人士認為操作本來就是一件簡單的事，所以根本不需要學習太多技術分析技巧。前一句的説法相當貼切，後一句則仍有很大討論空間。當我們對於股價波動認識還不是很清楚時，用簡單的方法進行買賣，如何能夠説服不確定因素對心中造成的恐懼？因此多元化學習的目的，是為了可以透澈認識股價波動原理，並且在眾多技術分析中，找到適合自己的方法。

因此廣泛學習之後，才可以有「**化繁為簡**」的功用出來。也就是必須對股價波動有正確認識，才能簡單的進行操作。在技術分析的領域中，沒有哪一種技巧是絕對優勢，或是絕對獲利的保證，只要能夠恰當的解讀股價波動，並且在操作過程中，讓操作者穩當獲利，就是一個好的技術分析方法。

要將這麼多技術分析的觀念整合、吸收、調整、修正，不是一蹴可成的工作，需要一段時間學習與實際操作，才能逐步變成我們的技能。在這些過程中，找到適當的幫助或是學習到比較正確、恰當的方法，可以幫助減短整個過程所耗費的時間。如果這本書的前三章已經帶給投資朋友一些啟發，又如何將當這些觀念、技巧落實到實際操過程中？

我們發現，買賣其實相當簡單，只要事先挑選好標的物，然後執行買進的動作，如果買對了，股價將會上漲，這時就將持股出脫，於是這次的操作就賺了錢。萬一買錯了，就將該股停損出場，當然這會造成一點損失，只要保持賺的比賠的錢多，就是一位成功的交易者。

瞧！不就是買、賣兩個簡單的動作而已，一點也不複雜。然而這些簡單的動作背後，卻包含了許多不確定因素，如何規避操作上的種種風險，並且讓買進後賠錢的機率降低，賺錢的機率提高？我們將整個操作的流程與思維，分成八點討論，對於初入股市的投資人，會有絕對性的幫助。

一、選對股票再進場。

許多投資人認為選股是最困難的，尤其是一般人沒有受過解讀財務報表的訓練，因此就抱著選股是不容易的態度。股市中有句名言：「**漲時重勢，跌時重質。**」又說：「**強者恆強，弱者恆弱。**」這些話已經道盡了選股的重點。

筆者曾經開玩笑說：「只要這家公司在三年內沒有倒閉之虞，那麼就可以進入初選，如果這家公司的產品還沒有在市場上飽和，那麼就可以進入決選。」打個比方，目前製造液晶面板的龍頭股是友達(2409)與奇美電(3009)，它們從2006年起算，正常情形下，三年內會不會有倒閉之虞？很顯然是不會的。而在目前(2006年)，雖然CRT的電腦螢幕已經被LCD的液晶螢幕取代，但是仍有汰換空間，而家用電視從傳統螢幕換成液晶螢幕的需求還沒有發酵，這個區塊仍有相當大的成長空間。因此這兩家公司就可以列入觀察名單。

但不是這樣就可以隨便買進，仍然需要注意進場的時間，亦即要選對時機買股票。

二、選對時機買股票。

什麼是恰當的進場時間？當股價從暴跌走勢進入緩跌走勢之後，就暗示投資人：進場的最佳時機已經到了。問題是緩跌的走勢還沒有結束前，我們就貿然進場，萬一再出現另一段跌勢，這個操作仍然要蒙受損失。

此外，當股價已經上漲了一大段了，我們才驚覺應該要進場買股票，這時沒有買在低檔的轉折位置附近，會不會造成風險過高？根據前三章所討論，在上漲一段之後，還沒有完成目標以前，會出現所謂的「**多頭中的修**

正行為」，這裡就是我們可以再度進場的最佳時機。

然而在股價進入緩跌走勢與多頭修正過程中，要再度切入執行買進動作時，必須要找到相對安全的位置才可以進場。而不是自己假設這裡就是支撐，逢支撐就買進，萬一認知錯誤，這裡根本不是支撐，或是支撐力道不足使股價續跌，豈不是要遭受損失。

三、找對位置才進場。

無論是在緩跌走勢與多頭修正過程中，想要執行買進的動作，可靠的位置是股價出現底部的型態，這個型態必須架構在相對應的條件之下。比如，當股價突破前方重要壓力之後，會出現拉回修正的走勢，那麼這時出現的底部型態，將會相對的可靠。

而且當股價向上推升的過程中，還沒有滿足預估的價位以前，都可以做買進的動作，隨著股價越來越靠近預估的目標區，執行買進的動作將會承受更高風險，因此在執行追價買進時並非毫無依據，最起碼也要做過風險評估。這些內容將在本章單元中詳細探討。

四、買進之後設停損。

當執行買進動作之後，沒有人可以保證股價一定可以讓我們獲利，因此必須在買進之後設定一個停損價位，以降低操作上的損失，當停損的定位錯誤或是買進位置不對，就會常常導致停損，這時必須修正你當時所使用的操作方法。

設停損的技巧其實相當簡單，不需要弄得太複雜。一般而言，可以利用這幾個方法：

1. **利用均線**。短期操作者建議用 5MA 或 10MA ，中期操作者建議用 10MA 或 21MA 。
2. **利用買進的當筆棒線低點**。這個方法簡單好用，筆者在 1998 年研討會中公開提出後已經廣泛獲得認同。這是屬於積極操作者的停損點。
3. **利用買進點前的波谷設停損**。這是屬於消極操作者的停損點，也是佈局操作者的停損點。

其他還有趨勢停損法、浪潮停損法等，無論是利用哪種方法，唯一的要求就是當停損價訂好之後，只有切實執行這一條路，沒有其他討論空間。

五 、停損跌破退出，沒有跌破續抱。

當投資人買進持股之後，沒有跌破停損價以前，就不需要在意短期股價的震盪，當跌破停損參考價之後，沒有任何理由，必須在反彈過程中出脫認賠。這裡有一個關鍵，就是跌破停損價時的退出時機一般而言，假設你所介入的點位是一個正確的股價發動點，那麼設定的停損價位自然代表的是一個支撐力道，當跌破停損價位之後會產生慣性的反彈作用，因此停損出脫時，是利用行進間的反彈過程中執行。除非你買錯了位置，才會產生沒有反彈的現象。關於反彈的走勢，在本章的單元中會加以詳細討論。

六、停利點跌破或是預估滿足區到達退出。

當投資人買進持股之後，沒有碰觸停損價位以前，是不需要出場。既然不跌破停損價，股價的波動自然是上漲，因此操作就會產生利潤，然而這個利潤只是帳面上的數據，必須要執行賣出的動作，讓利潤實現，這樣的操作過程才算告一個段落。

如何落袋為安？運用的方法不外是：

1. 移動式停利法則。
2. 目標預估法則。
3. 滿足目標後的移動式停利法則。

這些方法必須要因時制宜，針對個股走勢與加權強弱進行調整，也就是需要一點策略、一些經驗，無法是一個定律或是教條，所以才有人說：「**操作是一種藝術，不是科學。**」這種不確定性，會讓奉程式交易為圭臬的投資人不予認同，但是在實際運用過程中，我們發現當利空消息引發的賣壓，程式交易必定出現賣出訊號，此時大家一起賣出，沒有意外將會賣在當天的最低價，這種例子在美股屢見不鮮，如果投資人稍微緩一緩，等待反彈時才退出，會不會比較容易賣到好價錢呢？

這種操作的思維，人腦可以訓練，但是電腦的擬人化程度不夠，還無法做到這麼藝術化的操作邏輯。反過來想，運用上述三種方法執行停利，導致獲取利潤多寡的差異並不大，投資人只要讓自己的操作目標是每一筆都獲利的，有時少賺一點或是多賺一點，也就沒有必要太過於計較了。

七、退出後先觀望。

執行停損、停利之後，代表這檔股票的操作暫時告一個段落，接著投資人必須觀察這一檔股票為什麼會停損，或是在哪一個位置引發了停利。這段時間就是「**觀望期**」。觀望的目的是讓我們的思緒得到暫時性休息，也是為了幫助我們脫離停損或是停利的激情。

《酒田戰法》中的三法，是指「應該買、應該賣，也應該休息。」如果交易者一直沉浸在交易的情緒當中，那麼將會導致更多失誤，適當的休息觀望是必須的，也是讓下一次交易能夠更沉穩出發的重要關鍵。

八、伺機介入或是找尋另外一次標的物。

在適度的觀望之後，將可以清楚的發現原先產生停損或停利的股票，是否能有再度介入操作的價值。假設在出場之後，它的調整行為仍然釋出可以再度進場的訊號，那麼投資人必須伺機再度介入；如果它的調整行為釋放出已經對原始趨勢產生破壞，投資人再根據當時整體環境研判，是要進行反向操作，或是放棄該股，另外找尋下一個可以介入操作的標的。

到第八個流程為止，再回過頭從第一個流程開始進行思考，如此便成為一個操作循環。沒有硬性規定也無法預期每個流程將會耗費多少時間，有可能在篩選標的物過程中，就耗費一季或是半年，但是請相信，操作的週期拉得越長，越有耐心的等待，在市場上獲取利潤的機率就會越大。

接著在本章的後續單元中，將針對上述所提示的觀念，討論幾個重要而基本的觀察方法，請投資人在閱讀過程中，也要與前三章內容互相搭配思考。為了說明方便，操作定義以作多這個方向為主，作空的技巧與思維，只要將作多的論述反過來運用即可，而在實際運用的圖例說明，會將多空兩個方向都加以舉例探討。

攻擊棒線的相對位置

當投資人準備介入一檔股票進行作多時，必須等待它出現多方的攻擊訊號，最具有代表性的型態即為**日出格局的中長紅棒線**。反之，當準備介入一檔股票進行作空時，必須等待它出現空方的攻擊訊號，最具有代表性的型態即為**日落格局的中長黑棒線。**

因此只要出現日出格局的中長紅棒線，就稱為「**多方攻擊**」，而這一個多方攻擊並不必然使股價出現上漲行情，在《主控戰略K線》就提到，出現中長紅棒線所代表的意義分別有：止跌、發動、力竭，至於發生的位置將決定它的「效度」。

一般而言，有底部型態的中長紅棒線為**表態盤**，空頭中的攻擊視為多方嘗試反彈的訊號，在多頭中的攻擊視為波段發動訊號。當出現中長紅攻擊棒線時，就是標準的買進訊號，但是這個買進訊號並沒有考慮到有效性，因此必須根據不同的相對位置探討中長紅攻擊棒線所代表的意義。

嘗試止跌

在連續日落下跌的走勢過程中，視為短線空頭行情，它可能發生在多頭當中的回檔，也可能發生在空頭中空續空的下跌。在這樣的位階出現中長紅棒線，假設沒有日出格局，只能視為嘗試止跌，當出現日出格局的中長紅棒線之後，就視為有機會進行止跌。

出現有機會止跌的技術現象不是買點。除了一些比較特殊的技術現象，股價會在止跌後出現比較大的幅度反彈，一般情形因為反彈會不會出現，與反彈幅度的多寡都無法預期，所以不建議僅僅看見止跌訊號就進場。

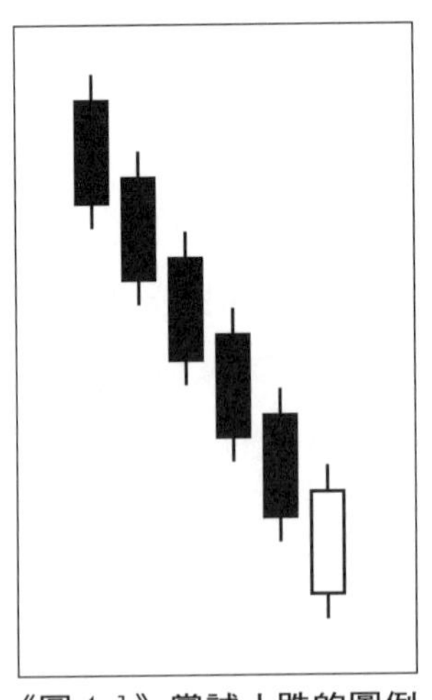

《圖 4-1》 嘗試止跌的圖例

我們從《圖 4-2》當中可以理解嘗試止跌的中長紅，不一定會讓股價產生具有利潤的反彈幅度。在圖中標示A是在連續日落之後，出現開最低、收最高的中長紅棒線。當時股價處於21MA之下，且21MA也向右下方移動，所以是空頭格局。從事後來看線圖，顯然在標示A之後的股價走勢，並沒有出現值得令投資人介入的利潤幅度。

《圖 4-2》嘗試止跌的實際運用範例

接著在標示B出現了日出中長紅棒線的格局，這裡的技術現象稱為「**有機會**」止跌，但是並不代表必定止跌，仍需要後續股價出現可靠的技術性訊號。從圖形中可以明確的看出，在標示A、B之後，沒有讓股價持續向上反彈，而是持續向下破底。

如果嘗試止跌的中長紅棒線格局可以理解，將相同的觀念運用在中長黑嘗試止漲的研判，自然可以輕鬆的應對。在《圖4-3》當中，光磊股價從4.9元開始向上展開一段波段漲勢，當時股價在21MA之上，21MA也向右上方移動，故可以定位為多頭格局。

在標示A，出現了子母線，且母線收黑，出現中長黑K棒，可以定位成嘗試止漲，而標示B的日落黑K棒線，則稱為「**有機會**」止漲。有機會不代表一定會止漲，我們可以在圖形中看見標示B的隔一筆便出現低點，股價仍然持續向上推升創下新高。

接著在標示C再度出現日落中長黑，隔一筆即標示D立刻出現中長紅日出，屬於「**迴轉線**」，在多方格局中，空頭

《圖 4-3》 嘗試止漲的實際運用範例

的日落攻擊不一定會造成股價的反轉，但是代表多方的日出攻擊卻很容易讓股價再度轉強，這裡的走勢是最佳證明。

底部完成的攻擊訊號

既然中長紅棒線在連續日落的空頭走勢中出現，只是代表嘗試止跌或是有機會止跌，該有什麼樣的技術現象，才算是止跌成立，並且帶動多頭展開反彈或是回升上漲的走勢？

只要如《圖 4-4》出現打出一個底部的型態，並且再出現一根中長紅棒線突破頸線，就是底部完成後的多方攻擊訊號，這個訊號將帶動多頭向上反彈或者是回升。也就是在任何下跌或是回檔修正的過程中，多頭想要做相對安全的買進行為，必須出現止跌訊號被確認後的多頭攻擊，亦即必須有底部行為。

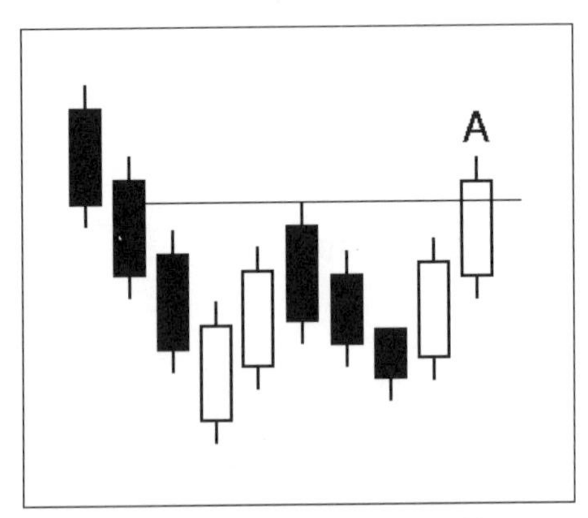

《圖 4-4》底部完成的攻擊訊號圖例

請看《圖 4-5》。在標示C、D、E，股價處於21MA之上，21MA也向右上方移動，故可以定位為多頭格局。在這幾筆日落長黑之後，股價立即做出紅K棒線表態，因此可以維持一個強勢的多頭推動行情。當股價創下14.9元的高點，接著出現日落黑K線之後，沒有出現中長紅嘗試止跌的現象，亦即開始對21MA進行正乖離過大的修正，且修正到標示L才出現一段反彈。

《圖 4-5》頭部完成產生攻擊走勢的實際運用範例

多頭走勢過程中出現修正行為，不必然就會出現反轉，從移動平均線的角度觀察，假設修正之後股價無法再度創下新高，那麼原本上揚的21MA走勢將會走平，股價容易進入較長周期的中段整理，甚至將會進行盤頭走勢。至於是盤頭或是中段整理，必須交於走勢預估，與相對位置做研判。

標示A的日落長黑棒線，頗有阻止股價再創新高的意圖，因此定位這裡屬於「**疑為第二頭走勢**」，同時以標示L的水平頸線作為頭部完成與否的觀察點，當股價以標示B這一筆長黑跌破頸線時，就可以確認頭部型態完成，該筆棒線為空方攻擊棒線。

接著請看《圖4-6》。光磊股價從圖形左側開始，屬於完成細微浪翻多的走勢後，所進行的修正拉回動作，當股價跌落到21MA之下，我們定位中短期走勢轉弱，因此出現的中長紅棒線，暫時先視為嘗試止跌。

圖中標示A、B、C所出現的中長紅棒線，都代表嘗試止跌的技術現象，其中標示A、B的棒線之後，並沒有使股價完成底部型態，因此這樣的中長紅棒線很容易導致嘗試止跌失敗。

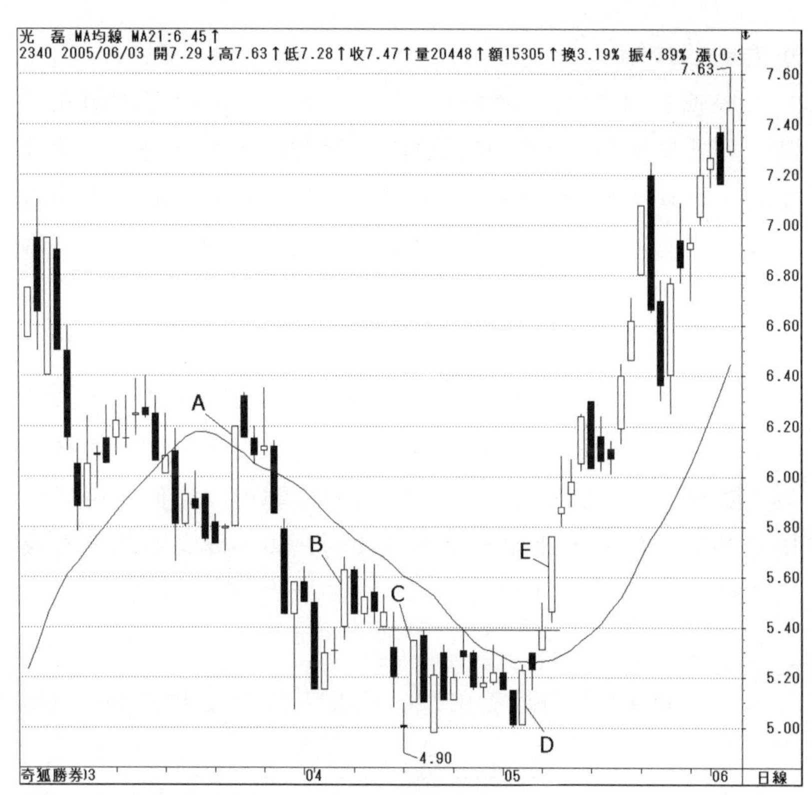

《圖 4-6》底部完成產生攻擊走勢的實際運用範例

而標示C的棒線意義就不同，因為在此之後的股價並沒有跌破 4.9 元的低點，投資人可以暫時定位此處正在進行盤底行為。標示D的棒線再度出現中長紅日出線的格局，暗示股價在盤底過程中對多方較為有利，此時均線也已經開始走平，因此可以取一條水平頸線當作底部完成的觀察點，當標示E的中長紅棒線出現後，便宣告底部成立，這筆棒線為多頭表態的攻擊棒線。

壓力前的攻擊

股價在多頭走勢過程中，以中長紅棒線進行攻擊走勢時，並非都可以順利讓股價拉出一個波段，尤其是相對位置不對，往往會造成攻擊失敗，因此投資人在介入時，不能因為股價走勢處於多頭，就認定出現中長紅棒線不會產生多頭疑慮。

多頭走勢中，最容易出現使多方攻擊失敗，或是攻擊之後造成力竭的位置，便是在壓力前。習慣上，這個壓力被稱為「**關卡**」，這個關卡所造成的阻力強弱程度如何，可以根據走勢加以估計，比如，整理時間的長短，成交量的多寡或造成股價走空的下跌幅度等方面，進行思考與研判。

從《圖 4-7》可以看出來，前波下跌的關卡猶如一道堅

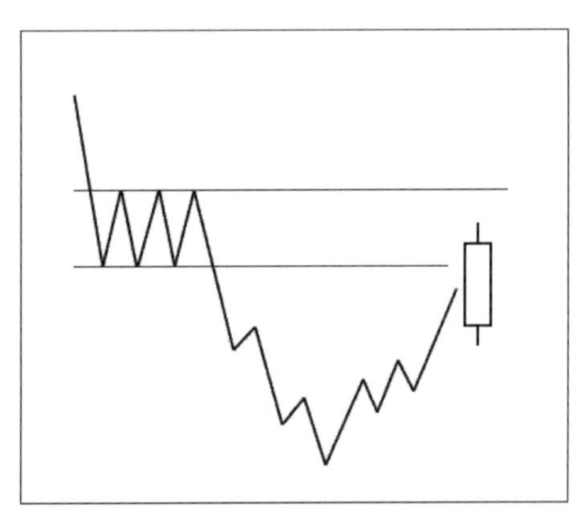

《圖 4-7》**壓力前的多頭攻擊**

硬的城牆，是屬於空方的防守線，當中長紅棒線針對這一道空方防線進行攻擊時，想當然會遭遇到比較強的「**空頭抵抗**」行為，當多空兩軍產生激烈交戰之後，無論誰輸誰贏，勢必使其攻擊力道受阻，正常而言，很容易導致走勢的拉回。因此在這裡出現的中長紅攻擊走勢，並不是作多操作者需要積極介入的位階。

投資人可以利用這種技術現象，搭配加權指數期貨的操作。當以5分鐘線進行投機操作時，一般而言，操作者多半會認定在多頭走勢明顯的背景下，開高盤屬於對短線多頭有利，心態上或是實際操作過程中，很容易產生追買的動作。因為這個認知有些偏頗，因此在技術面上，筆者就發展出一種「**散手**」的操作手法。所謂散手是指不一定會出現的操作邏輯，但是當技術現象吻合時，卻很容易被判斷出來，並可以快速執行切入的動作。

這個招式的基本定義在於**開盤第一筆**，這一筆可以是低開或是高開，我們嘗試將它可能的走勢變化，如下所列：

一、**開高盤後，第一筆低點被跌破**。當出現這樣的走勢時，宜逢高作短空，並以當時最高點為作空停損點。

二、**開高盤後，第一筆低點先被跌破，再突破前波波峰高點**。這是由空轉多的走勢。當第一筆低點被跌破後，原本是以空方操作，但是卻碰觸到前波波峰高點(即碰觸停損點)，此時作空者應該認輸回補，採行觀望或是反向操作的動作。

三、開高盤後，第一筆高點被突破。當出現這樣的走勢時，宜逢低作短多，並以當時最低點為作多停損點。

四、開高盤後，第一筆高點先被突破，再跌破前波波谷低點。這是由多轉空的走勢。當第一筆高點被突破後，原本是以多方操作，但是卻碰觸到前波波谷低點(即碰觸停損點)，此時作多者應該認輸退出，採行觀望或是反向操作。

開低盤的操作邏輯與上述四種現象互相成為倒影，投資人只要將其倒轉過來運用即可，在此不另贅述。然而這樣的操作邏輯因為是在超短線(5 分鐘線)的架構中進行，為了降低風險，必須再搭配日線結構進行研判，以達到日線保護分線的操作原則。在這裡，將以壓力前的中長紅之後，容易被空方打壓的慣性，搭配這些散手招式進行操作說明。

請看《圖4-8》。在標示A的區域，就股價波動原理而言，屬於一個壓力帶，亦即空方在此設下一道堅強的防線。當加權指數期貨從低點5602開始出現一波強勁的反彈走勢之後，攻擊到越靠近標示A，所遭逢的空方力道將會越來越強，這是兩軍作戰的基本道理。

《圖4-8》加權指數期貨在壓力前攻擊的日線圖

部分投資者認為，研判股價走勢在前方有壓力值，突破壓力將會導致拉回的立論是屬於「預設立場」，其實這是自然界的物理慣性，與預設立場完全無關，不能混為一談，畢竟在此已經屬於短線相對高檔，沒有再積極追價的理由，並且要隨時注意是否會出現拉回的走勢。而真正了解技術分析運用技巧者，必須觀察在壓力前或是突破壓力後的變化，尤其是被壓抑的交易日多寡與拉回修正幅度的大小，這些細微變化將影響投資人下一個交易動作的策略。

壓力前會出現「**空頭抵抗**」的原因通常為：

一、追價的力道減弱。

二、前波套牢的解套賣壓。

三、低檔進場者的獲利賣壓。

這些賣壓最容易出現在多方中長紅的攻擊之後，也就是空頭會在多頭中長紅之後，呈現的攻擊力道稍緩時，大舉傾巢而出，假設宣洩的空頭力道較強，就會使空頭抵抗成功，並使股價回檔修正；如果宣洩的空頭力道較弱，那麼股價就會穿過壓力區間，這時再觀察當時的走勢變化如何，才能研判股價會回檔修正或是進行軋空走勢。

在《圖 4-8》中，標示 B 的這一筆中長紅撞進了前方標示A的套牢區，當日已經略微留下上影線，因此我們研判明日容易遭逢短線的「**空頭抵抗**」，這個短線空頭抵抗的力道是否能轉化為日線空頭抵抗格局，可以根據分線走勢的變化加以判斷，標示B的隔一筆是2005年5月16日，線圖的走勢呈現日線格局的拉回，接著利用分線圖，並套用「散手」招式中的分線高開低開原則判斷。

接著看《圖4-9》。在2005年5月16日的前一天，既然股價已經以中長紅撞進壓力區，代表容易出現股價力竭的跡

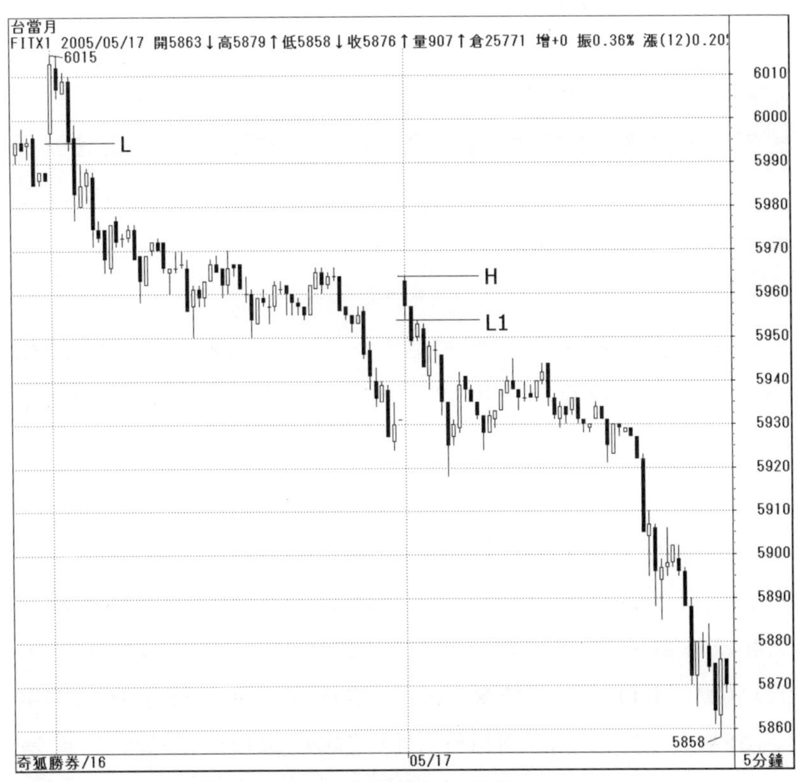

《圖4-9》加權指數期貨在壓力前攻擊的分線圖

象，因此在超短線(5分鐘線)，便可以觀察多頭是否會出現力竭走勢的蛛絲馬跡。在5月16日當天以高盤開出，第一筆K線為中長紅走勢，屬於多頭表態，既然如此，正常的後續行為，股價理應持續向上挑戰。

結果後續的走勢並不如預期，亦即沒有出現正常的走法，反而跌破第一筆高開的長紅棒線低點(標示L)，**正好符合散手招式中的第一招**：「開高盤後，第一筆低點被跌破。當出現這樣的走勢時，宜逢高作短空，並以當時最高點為作空停損點。」因此操作者宜針對走勢不如預期，採行「逆向思考」，故逢高點操作超短線空單，因為這是在上漲過程中的逆向操作，準備賺的利潤屬於回檔修正的錢，必須嚴設停損，且不能做過多期待。

至於當時超短線目標的估計，可以使用超短線攻擊的趨勢，或是黑白無常的原則加以測量，或是利用移動式停利點加以控盤即可。

同樣的，在5月16日屬於多頭弱勢的背景下，隔一天即5月17日，容易延續修正走勢。因此在5月17日5分鐘線圖又開高盤的走勢中，第一筆立即收黑，隔一筆便跌破第一筆低點(標示L1)，我們依然執行空單操作，並以標示H為作空停損點，這時目標的測量除了採用超短線攻擊的趨勢，或是黑白無常的原則加以測量外，也可以將兩日合併以浪潮角度進行推演，萬一這些方法操作者並不熟稔，最簡單的方法便是利用移動式停利控盤法則進行觀察。

過關時出現的中長紅

前文描述當中長紅撞進壓力帶時，容易出現多頭力竭的走勢，而在撞過壓力帶之後，多頭力竭的走勢將會更加明顯。這樣的股價慣性告訴投資人，不要在撞進關卡與剛剛突破關卡之後，就急著進場進行多方操作。

撞進壓力與突破壓力的差異在於前者多空勝負尚未分出，而後者確認多頭優勝，但不論是何者，在多空爭戰的過程中，都會出現傷亡，就算最後是多頭勝利了(即突破壓力)，也會拉回進行多方補給(即進行修正)，而補給線是否會拉長，便與原始上漲力道多寡，與遭逢空頭防線的壓力大小有關，如《圖 4-10》。

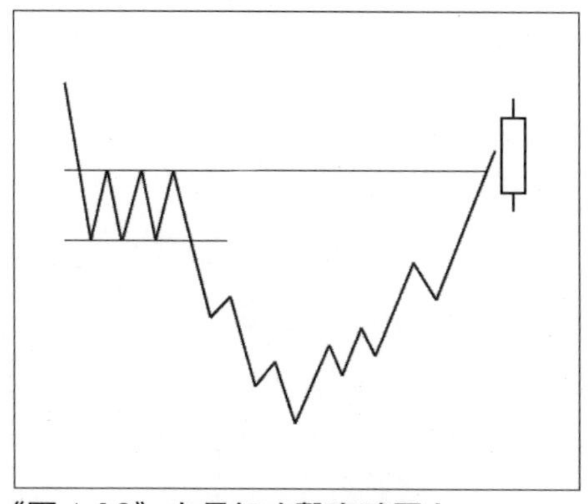

《圖 4-10》中長紅攻擊突破壓力

比如，上漲力道強勁，而遭逢的壓力較小，多方就可以運用二～三天的回檔或是一日回檔的補給走勢，持續再向上攻堅，這種模式往往是噴出的強軋空走勢。如果上漲的力道正常或是較弱，且遭逢的壓力帶較大，那麼我們便可以假設拉回修正補給的時間或是幅度會加長，以上是屬於簡單的研判原則，深入的探討有賴投資人多以實際走勢進行解讀。

依據股價波動原理，多方在以中長紅突破空方壓力之後，只有思考短線準備退出，沒有再積極追價進場的考慮。只有在過關後拉回再度出現多頭表態(代表完成補給)時，才能再做介入的動作。

請看《圖4-11》，毅嘉股價在圖形中尚屬於低檔擴底的調整行情，我們可以將標示H1和H2的負反轉點設為壓力值，會這樣假設的原因是這裡的點位都屬於「**相對高檔**」，當標示A的中長紅棒線，同時突破標示H1和H2的壓力時，其操作思維理應準備逢高找賣出點，而不是再積極追價。

《圖 4-11》突破壓力的中長紅產生多方力竭的實際運用範例

請看《圖4-12》。威盛股價在上漲到27.8元高點的過程中，曾經出現如標示A的震盪，因此這裡視為一個支撐區間，當股價從27.8元開始反轉下跌後，撞到這一個支撐區間，通常會有反彈的跡象，反彈的力道不足便是代表原始下

《圖 4-12》跌破支撐的中長黑產生空方力竭的實際運用範例

跌力道較強。當走勢以標示B的中長黑跌破標示A的最低點之後，暗示支撐完全被破壞，屬於空方優勢。

然而這並非代表股價將一洩千里，當股價跌破多方支撐之後，會出現如標示C的慣性反彈作用，如果這個反彈無法呈現多頭優勢，代表走勢仍為空方所掌控，未來在反彈結束之後，仍然會出現破底的走勢。

過關後整理結束的再度攻擊

當股價能突破前波空頭設下的壓力區間，這裡通稱「**過關**」，過關後不代表股價未來走勢將一路走揚，必須依照當時走勢強弱決定。通常股價會順勢的做拉回修正，強勢者修正幅度較少、時間較短；弱勢者修正幅度較大、時間較長。

當股價突破關卡後，如果出現對多頭相對強勢的行為，即修正幅度較少、時間較短，投資人便可以考慮再進場作多方操作。假設修正幅度較大、時間較長，便假設對多頭較為不利，要再介入作多的相對條件，必須要多一點，也就是需要較多的技術面訊號支持。

一般而言，只要在過關卡後呈現對多方有利的修正走勢，當再度出現中長紅日出格局的攻擊訊號時，便可以視為多頭漲勢有機會再度發動，如《圖4-13》所示，操作者理應

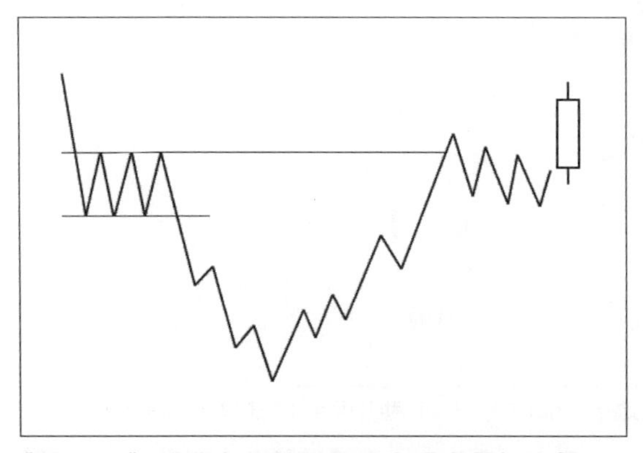

《圖4-13》過關卡後整理再度出現中長紅攻擊

在發動當時設好停損，並積極介入操作作多。因此在過關整理後，再度出現的多頭攻擊訊號，往往是可靠的多方介入點。

請看《圖4-14》。昆盈股價在標示A屬於壓力區間，當股價從低點19.5元開始進行反彈的過程中，必須要先挑戰這

《圖4-14》過壓力關卡後，再度出現中長紅攻擊的範例

個壓力帶，展現多頭決心，才能吸引更多買盤進場，當出現標示B的長紅棒線時，已經將標示A的整個壓力帶吃掉，到此多頭獲勝，不過在攻克壓力之後，標示B的長紅棒不宜定位為多頭攻擊表態，理應假設是多頭力竭較為妥當。

而股價從標示B開始進行修正後，我們需要注意的是修正過程中有沒有破壞多頭結構？如果沒有，則再出現多頭攻擊訊號時，就可能是另外一個波段漲勢的起點，因此當標示C的中長紅棒線穿越下降壓力線之後，投資人就可以適時切入操作該股，並以該筆棒線低點作為作多停損點。

請看《圖4-15》。燁輝股價從35.9元開始回檔，回檔時角度過於陡峭，很容易使修正行情轉變成為空頭走勢，尤其是重要支撐不宜跌破，在標示A，很顯然是一個支撐區間，最後被標示B的長黑棒線跌破。

就股價波動邏輯而言，跌破重要支撐將會出現反彈行為，所以空頭不宜再此積極追空，而此時出現的長黑棒線，往往也會有空頭力竭的現象，進而使股價出現反彈走勢。如果空頭要維持有利的氣勢，反彈過程中就不能破壞空頭的架構，只要出現反彈失敗的行為，股價自然會回歸到原始空頭走勢。

《圖 4-15》破支撐關卡後，再度出現中長黑攻擊的範例

當股價從標示B開始反彈之後，在標示C出現一筆中長黑棒線跌破短期的上升趨勢線，暗示股價即將要回復到原始下跌趨勢，亦即投資人可以在嚴設停損的背景下，逢高佈空賺取股價下跌的利潤。

買進點與目標區的比較

主力拉抬股價上漲的目的，無非是想將手中的籌碼，倒給其他投資人，在拉抬過程中，通常其目標價經過相當程度的規劃，縱使如此，這些目標與自然律的黃金螺旋有吻合之處，這些內容的探討請參閱拙作《主控戰略成交量》書中說明。也就是說，我們可以利用簡單的測量方法，概略的規劃何處是屬於作多或是作空的風險區。

當然，這些推測目標價的動作，目的是為了要規避操作上的風險，不是操作上的絕對依據。假設我們進行測量的方法是恰當的，那麼當接近目標區時，應該開始要提高風險意識，當時出現的中長紅棒線，看似多頭強勢表態，卻也容易成為主力掩護出貨的技術手法，因此越臨近高檔時(用目標測量定位相對高低檔)，多頭的操作要逐漸趨於保守，然而這不代表可以進行空方操作，只是作多謹慎或是準備多單退出觀望而已。

我們嘗試以《圖 4-16》進行說明，假設圖中標示 H～L 這一段為上漲走勢中的初升浪行情，那麼可以針對這一段進行黃金螺旋的目標測量，第一個目標是 1.618 倍幅，第二個目標是 2.618 倍幅，通常發生攻擊浪走勢時，股價往往會滿足 2.618 倍幅以上。

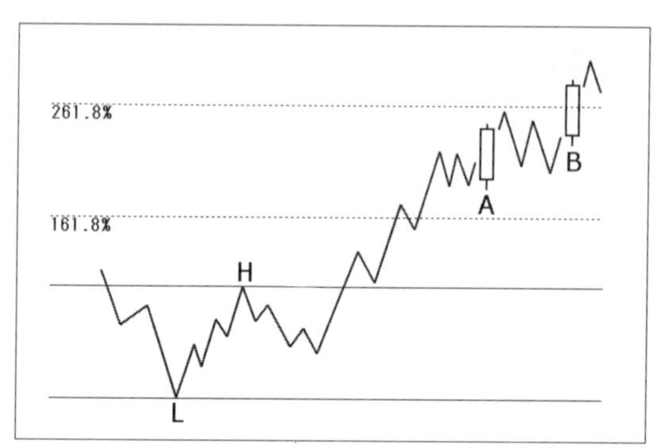

《圖 4-16》滿足區出現的中長紅買點容易力竭

當股價上漲時，在標示 A 已經相當靠近預估的目標區時，出現的中長紅棒線很容易成為主力出貨的手法，姑且不論是屬於短期出貨或是中長期出貨(因為這與觀察的時間周期有關)，這一筆攻擊棒線已經有相當的風險，當然部分操作者可能認為還有一點短線空間可以擷取，但是這樣的操作風險畢竟較高，不如將精力花費在追逐剛剛起漲的個股來得有效率，且相對安全。

而在標示 B ，已經穿越 2.618 倍幅的目標區，這一筆中長紅，除了有多頭力竭的味道之外，更宜防拉高出貨。其他相對滿足區的測幅，如 4.236 倍與 6.854 倍，也是相同的研判方法，投資人不妨將已經完成走勢的K線圖，嘗試取波段計算，長久練習下來，自然可以輕易分辨股價波動的奧妙。

請看《圖 4-17》，我們嘗試以誠遠股價在 2005 年初的高低點 8.87 元～5.7 元為初升段走勢，並以該段為測量計算可能的目標區，其中6.854的倍幅目標＝(8.87－5.7)×6.854＋5.7＝27.43 元，被標示 A 的中長紅棒線所穿越，當時我們可以假設該筆棒線已經容易力竭，亦即隔一筆棒線很容易出現空頭打壓的線型，果然創下29.6元的新高點後，成為高檔「**吊人**」，股價隨即出現回檔走勢。

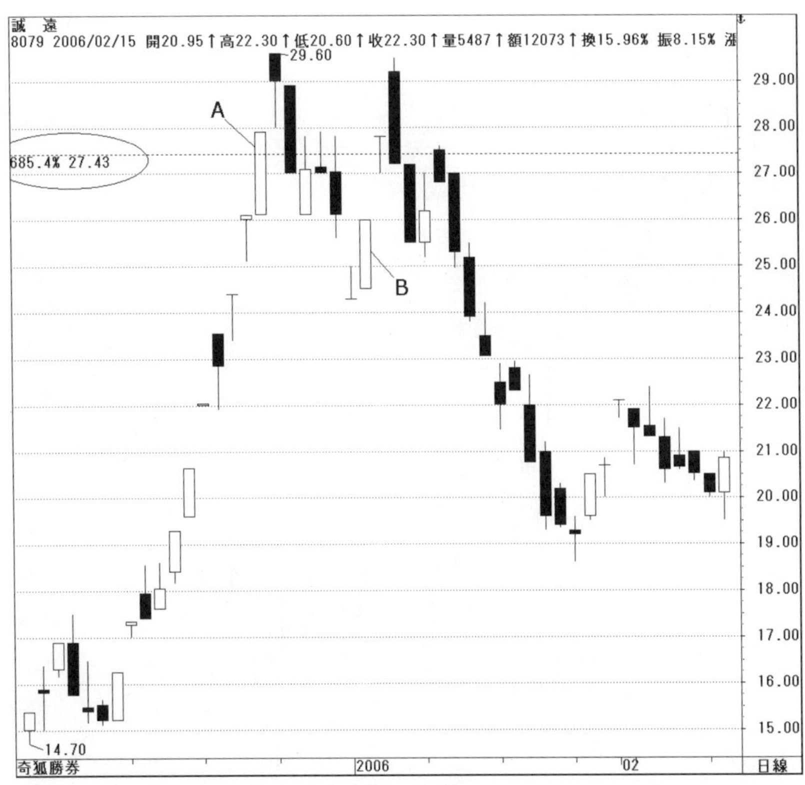

《圖 4-17》滿足上漲目標區後的中長紅棒線

因為滿足的目標是絕對風險區，因此回檔後出現標示B的中長紅棒線，只能暫時定位為反彈走勢，如果這個反彈走勢沒有創下新高點，就會使股價走勢變成短期頭部第二頭，也就是正式進入中期回檔修正走勢。

請看《圖 4-18》。世界股價從 33.45 元的高點向下修正時，我們取 33.45 元～ 27.75 元這一段為下跌測幅，其

《圖 4-18》滿足下跌目標區後的中長黑棒線

中1.618倍幅的目標在24.25元，2.618倍幅的目標在18.56元。當滿足第一個下跌目標24.25元時，即標示A的中長黑棒線，往往會成為多頭力竭的技術現象。然而1.618倍幅並非主要滿足區，故當時需要觀察反彈走勢的強弱，如果出現弱勢反彈，則暗示股價將會往下一個目標前進。

當股價滿足2.618倍幅時，在標示B出現的中長黑棒線，往往會出現空頭力竭的跡象，導致股價出現一波反彈，反彈過程中，需要等待底部訊號出現才能考慮進場作多。

紅黑相間的弱勢格局

當股價原始波動是屬於明顯上漲的走勢行情時，在上漲力道宣洩完畢，股價將會進入所謂的盤整期，假設盤整過程中不使股價成頭，那麼股價將會沿原始方向前進，宣洩新的上漲力道，萬一成頭，則股價將會形成反轉走勢；同理，在股價原始波動是屬於明顯下跌的走勢行情時，當下跌力道宣洩完畢，股價將會進入所謂的盤整期，假設盤整過程中不使股價成底，那麼股價將會沿原始方向前進，宣洩新的下跌力道，萬一成底，則股價將會形成反轉走勢。

而在盤整時期出現的K線型態，往往是實體較小的停滯K棒，如果實體較大，則往往是紅黑相間的的棒線。因此當股價波動呈現角度平緩的橫向走勢時，就可以定位為盤整區。如何得知股價將盤底成立？以《圖4-19》所示，當多頭沒有出現有效的攻擊棒線，通常是指中長紅形成「**多方試探**」的組合，那麼盤底就沒有機會成立。反之，股價要盤頭成功，必須在盤整區出現空頭的攻擊棒線，通常是指「**空方試探**」的組合。

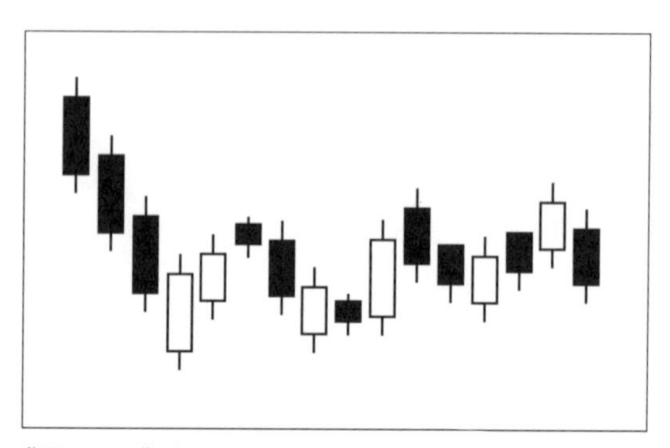

《圖4-19》紅黑相間的調整走勢圖

請看《圖4-20》。威盛股價從反彈高點49.6元回檔到標示A，出現一個橫盤震盪的走勢，圖形以紅黑相間的棒線呈現，在震盪過程中一直沒有出現「**多方試探**」的多方攻擊線型，反而在標示B出現「**空方試探**」的組合，因此我們便可以認定股價沿原始方向前進，亦即在此盤底失敗。

《圖4-20》紅黑相間的調整後呈現空頭攻擊的範例

請看《圖4-21》。遠紡股價從高點回檔到標示A，出現一個橫盤震盪的走勢，圖形以紅黑相間的棒線呈現，在震盪接近尾端時，出現標示B的「**多方試探**」攻擊線型，因此我們便可以認定股價產生反轉，亦即在此盤底成功。

《圖4-21》紅黑相間的調整後呈現多頭攻擊的範例

K 線停損與停利的設置

當執行買進之後，為了實現獲利或是避免虧損擴大，必須要設定一個出場的參考價，假設是因為虧損而出場者，其參考價稱為**停損價**，如果是獲利了結的出場動作，其參考價稱為**停利價**。

設定停損與停利的方法其實是相同，只是執行的相對位置不同而已，在這裡提供投資人幾個比較常用的簡單法則作為參考，雖然方法相當簡單，卻非常實用。當然除了這些方法之外，還有不少可以運用的法則，只要投資人認為是恰當的就可以。其實方法沒有對錯好壞之分，只有恰不恰當，學習技術分析的目的之一，就是要掌握到恰當的點位執行買賣，重要的是必須徹底執行。

在交易市場中，不必期待掌握到最佳轉折點，只要能夠掌握到相對高點的轉弱點就可以了，而執行賣出之後假設走勢與預期的相反，舉例來說，不回檔反而續創新高，這並不是技術分析出現問題，而是股價走勢本來就不容易被完全掌握，投資人應該放下這種得失心態，而是積極檢視整個操作邏輯是否吻合自己的策略與原則，不必為了這種非預期的走勢讓自己的操作失去依據。

停損停利的簡單法則如下，這裡以作多為思考方向進行說明，作空者只要將以下描述的原則反過來運用即可。

一、**波段盤以10MA控盤**。這個方法既簡單又好用，尤其是股價在進行一個明顯波段漲勢時，通常會沿著10MA上攻，當收盤價確定跌破10MA時，我們才考慮進行退出的動作。採用10MA的理由與波浪理論的慣性有關，這一部分另外撰書說明。

二、**買進低點設停損**。當我們認定這是一個買進訊號時，當下應執行買進，並且以該筆為作多停損點。假設未來股價行進過程中跌破買進當筆棒線的低點，暗示我們買錯了，沒有任何理由，請執行退出的動作。另一種情形是持有股價，股價持續向上漲，當再度出現買進訊號時，雖然不再做買進動作，但是停損點或是停利點應該提高到新的買進點，假如新的買點被跌破，暗示這裡有利用攻擊訊號進行出貨的嫌疑，所以停利點理應定位於此。

三、**整理區間設置停損**。這一個方法適合長線的投資人，尤其是呈現盤堅、緩漲的股價波動走勢。每一次創新高點以前的整理區間，在波浪理論中被視為浪潮的重要支撐，跌破則代表原始上漲趨勢已經轉向。另外一個意義是經過整理之後再度上漲，暗示這裡經過籌碼沉澱，可能是主力進場的佈局區，故具有支撐力道的意義。

四、目標滿足時退出。這個方法是利用測量學，預估可能的上漲目標區，當穿越目標區之後的當筆或是隔一筆執行退出的動作。優點是常常讓投資人有賣在高點的驚艷，缺點是測量的幅度、方法不容易決定，會產生未到目標股價就反轉，或是穿越目標後又持續上漲的窘境。

五、綜合運用。這是將上述的方法整合運用，也就是說隨著走勢進行調整，彈性相當高，相對的實際操作的經驗值就相當重要。

接著我們利用幾個圖例，說明這些技巧如何運用，投資人可以在了解這些說明之後，利用手上的股票軟體嘗試對股價的波動進行模擬推演的練習。

請看《圖4-22》。光磊股價在2005年4月18日見到回檔低點4.9元之後，開始震盪盤底，並在5月5日以中紅棒站上10MA，接著股價便沿著10MA向上推升。我們可以利用軟體的特性，當股價收盤價收在10MA之下時，在該筆棒線低點畫一個記號。

《圖4-22》利用均線控盤設置停損停利的範例

從圖中很明顯可以看見，自從5月5日站上10MA之後，股價一路走高，雖然走勢中偶而出現短期拉回的震盪，但是收盤價均力守10MA之上，在標示A更穿越初升浪測量的2.618倍幅。

假使操作者採用10MA進行所謂的停損停利的動作，只要關注收盤價是否跌破10MA即可。我們發現股價在標示B收盤價已經跌破10MA，因此就要在後續的交易時間進行多單退場的動作。

從這個例子可以發現，雖然利用10MA控盤無法賣在最高的那一筆棒線，但是卻可以幫助我們掌握一個大波段，並且賣在相對的高檔位置。因此在出現一個明顯波段上漲的走勢時，利用均線不啻為最佳選擇之一。

請看《圖4-23》。一般以日出中長紅棒線為買點者，稱為**攻擊買訊**。既然是攻擊訊號，我們可以假設這一筆發動是特定人士的作線行為，因此該筆棒線必為特定人士所防守，因此以此為買點者，便以該筆棒線低點為作多停損點。

請投資人注意！相對位置越高，長紅攻擊的效度就會受到質疑，因為當特定人士要進行出貨時，必定在高檔作出多頭強勢的行為，為「**誘多走勢**」。圖中標示H為底部的水平

《圖 4-23》利用買進點設置停損停利的範例

頸線，標示 A 為突破頸線的中長紅棒線，因為是在相對低檔，因此可以看做是多頭買進訊號，為主力攻擊點，因此該筆是作多進場點，只要該筆低點沒有跌破，則持股續抱無妨。

接著在標示B再度出現中長紅棒線，這一筆相對於標示A已經較高，所以風險自然會比標示A這一筆來得高，此時操作者可以利用這一筆長紅棒線低點作為多空強弱的觀察點，假設該筆棒線低點沒有跌破，代表多頭持續向上攻堅的企圖心尚存，萬一跌破該筆棒線低點，就必須懷疑多頭攻擊力道可能已經被削減。

當股價持續創新高，出現標示C的長紅棒線時，我們可以將對標示B的思考邏輯，原封不動的搬到標示C進行研判。然而標示C棒線低點在標示F被跌破了，這暗示多頭攻擊力道減緩，股價將進入短線震盪，如果想要維持多頭氣勢，必須要再做出多頭的表態線型，且需要股價再度創新高，才可以化解多頭頹勢。

標示D的棒線是多頭再度攻擊訊號，我們此時將觀察點移動到這一筆棒線低點作為多頭強弱觀察點，沒有跌破便可以假設多頭仍有力氣再持續攻堅，跌破了就暗示短期頭部已經成型，股價將進行較大幅度修正。而當標示E以中長紅棒線再度創下新高點後，宣告多頭的頹勢已經被化解，股價將會持續再度攻堅，這裡也是另一個波段的切入點，因此無論是在低檔介入或是這一筆才介入，都應該以標示E棒線低點為作多停利或是停損觀察點。

當中長紅棒線持續的出現，我們的停損停利點也就跟著不斷移動，這就是利用買進點設停損、停利的意義，也是妙手乾坤手法中關於「**白無常**」棒線操作邏輯的奧秘之一。

請看《圖4-24》。當我們進行的操作如果是中長線持股時，往往股票買入之後，會持有超過十個月以上，那麼我們所進行的停損停利點，就無法以短線的角度規劃。當然，介入時不是隨時買、隨便買，必須要在長期底部訊號出現後，或是加權股價在相當悲觀的背景下，該股為體質較佳且沒有破底創低者，往往才是可靠的切入標的。

《圖4-24》利用整理區間設置停損停利的範例

買在這樣的低檔區，必須忍受時間折磨，也就是在股價調整反覆上下的過程中，會相當耗費時間，在這樣長期的持有下，停損點的設定可以利用趨勢、波浪做定位，但是對於技術分析的初學者而言，認識波浪可能有點困難，更遑論認識不清所造成的錯判了。

在這裡提供一個長線的觀察方法，相當容易判讀，我們只要將股價曾經經過整理的區間找出來，以此區間作為停損或是停利觀察點即可。在圖中標示A、B就是經過整理的區間。也就是說長期持有者，只要股價修正沒有跌破整區間，就暫時不需要考慮退出的動作，萬一跌破這個整理區間，也不是立刻進行退出，因為這個觀察法是緩慢的，所以跌破觀察區間時，宜等待中線反彈時才進行退出。

請看《圖4-25》。測量學的好處是可以提供股價可能上漲目標區的規劃，從奇美電的例子我們可以清楚看見，股價在標示C滿足1.618倍幅之後，進入震盪整理的走勢，整理結束後上攻到標示B的的2.618倍幅，然而在此處只有短線一～二日的震盪後又續創新高，最後在標示A滿足4.236倍幅，這個位置根據定義，往往是相對滿足區域，所以在滿足後的隔一筆出現母線收黑，很容易形成高檔轉折，因此多單持有者可以考慮在這裡先行獲利了結。

《圖4-25》利用目標測量設置停損停利的範例

請看《圖4-26》。本單元停利、停損的方法，除了可以單獨運用，更可以加以整合綜合運用。比如，利用目標測量時，如果無法研判是否會如期到達目標，或是到達目標之後股價持續上漲的情形出現，利用目標測量往往會使不熟悉測量的操作者枯等目標或是提早出場，造成操作損失，因此不妨可以將停損、停利的方法合併運用。

《圖 4-26》綜合運用的範例

在此範例圖中，採用目標測量與10MA合併運用的法則進行思考，請注意這些整合並非一成不變，需要視當時加權走勢強弱的時空背景加以調整。

圖中標示A是滿足假設的初升浪其2.618倍幅，接著股價進行拉回整理是合理的走勢，在整理過程中盤出一個底部型態，並於標示B出現一筆中長紅棒線，突破底部型態的頸線位置，因此操作者可以假設另一個波段漲勢有可能發動，若在當筆介入便以當筆低點為作多停損點。

股價在買進後慢慢走高，接著在標示C出現一個記號，代表收盤價跌破10MA，意思是短線已經轉弱，股價只有立即止跌，並再創新高才可以化解短線弱勢。萬一不止跌，暗示下一個目標，即4.236倍幅將不容易在這一波攻擊過程中到達。所幸走勢在隨後立即以中長紅棒線創下新高，走勢出現的訊號代表將要挑戰4.236倍幅。

當標示D的棒線穿越4.236倍幅之後，以目標區滿足就退出為原則的操作者，正常會在穿越當筆或是隔一筆退出，但是在加權背景處於強勢行情時，股價走勢往往會出現延伸，因此在觀察的策略便可以調整成為：**穿越滿足區之後，交由均線控盤**。故持有者只要在跌破10MA之後才執行退場的動作，也就是圖中標示E。

出場點的運用

當我們進場操作多單之後，如果股價行進間碰觸了所設定的停損、停利價，理當進行退場的動作。退場的動作說起來簡單，事實上卻包含了許多技巧與學問在內，這個單元主要就是從多方角度探討如何執行退出的動作。至於空方角度的技巧，只要將本單元描述的方法倒過來運用即可。

利用技術分析所選定的停損或是停利觀察價，通常是一個支撐的關卡價位，當這一個價位被跌破時，根據慣性原理，股價後續的走勢便是進行反彈，而反彈的過程只有兩種結果，一個是反彈再創新高，另一個是反彈不創新高。其中反彈不創新高的走勢又可以細分為：

(1)跌破支撐利用超短線反彈。

(2)跌破支撐利用日線小波段反彈。

(3)跌破支撐利用日線大波段反彈。

接著我們便依序介紹。

破支撐反彈再創高

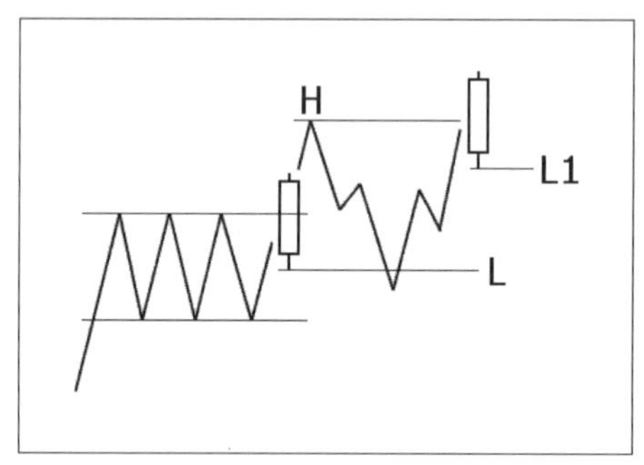

《圖 4-27》破支撐反彈再創高

當股價回檔跌破預設的支撐L時，正常會出現反彈，假設反彈的走勢讓股價再度創下新高，那麼我們就以創下新高點的K線低點L1為新的觀察點，當L1沒有跌破以前持股多單續抱，跌破L1時再觀察反彈的行為。

破支撐反彈未過高

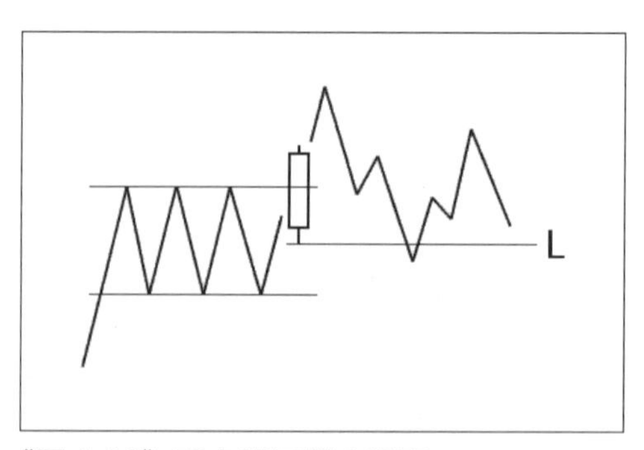

《圖 4-28》破支撐反彈未過高

當股價回檔跌破預設的支撐L時，正常會出現反彈，假設反彈的走勢無法讓股價再度創下新高，我們就可以假設「**短期頭部**」已經出現，此時應該將手中多單逢高退出。跌破支撐後出現反彈無法再創新高的走勢，又可以分成：

(1)跌破支撐利用超短線反彈。

(2)跌破支撐利用日線小波段反彈。

(3)跌破支撐利用日線大波段反彈。

跌破支撐利用超短線反彈

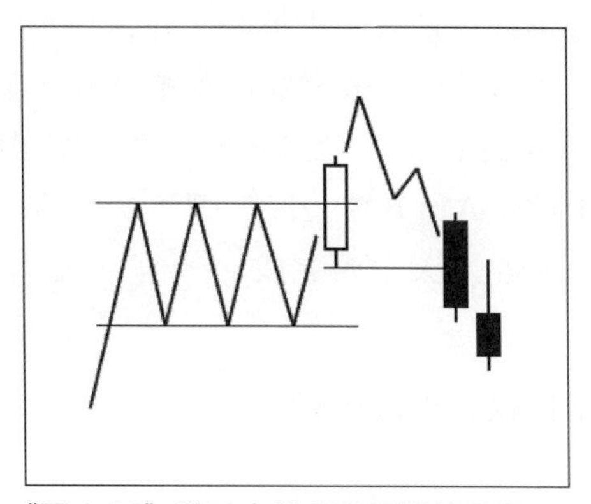

《圖 4-29》跌破支撐利用超短線反彈

當股價回檔跌破預設的支撐時，正常會出現反彈，差別在於這一個反彈的幅度大小與時間多寡，其中最快速、最小幅度與瞬間盤的反彈結構，就是在跌破的隔一筆於即時盤走勢中出現反彈，其中又以盤中曾經撞進前一日黑K實體內為最標準，也就是最短的反彈為當日上影線撞入黑K實體。

跌破支撐利用日線小波段反彈

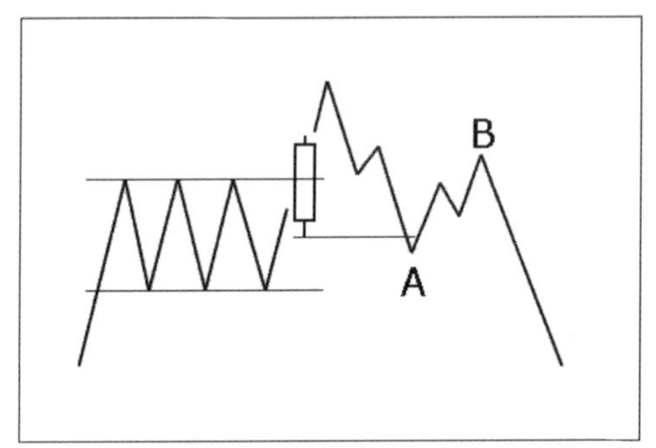

《圖 4-30》跌破支撐利用日線小波段反彈

當股價回檔跌破預設的支撐時，正常會出現反彈，假設反彈無法創下新高點，一般常見的反彈架構，就是在反彈過程中曾經出現K線日出，並且形成所謂「**短期頭部**」的結構，亦即圖中標示A～B這一段反彈，通常這段反彈時間不長，而且大多會在八天之內完成。

跌破支撐利用日線大波段反彈

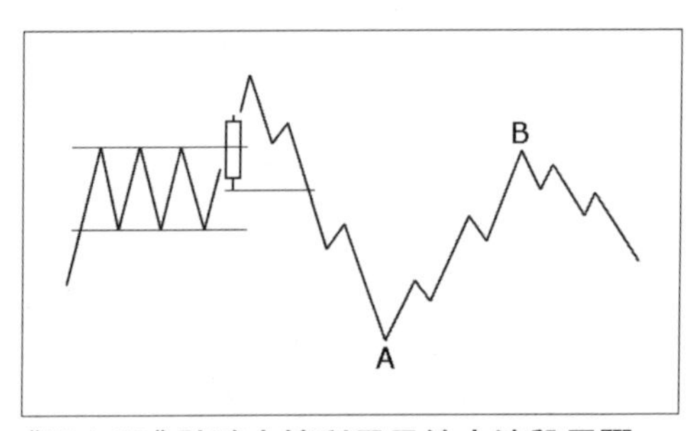

《圖4-31》跌破支撐利用日線大波段反彈

當股價回檔跌破預設的支撐時，正常會出現反彈，萬一股價急殺，沒有出現上述的反彈架構，那麼它會在滿足空頭下跌力道之後，才出現一個比較大的波段反彈，通常這個波段反彈視為逃命波動或是解套波動，當反彈無力呈現止漲訊號之後，理應先將多單退出，不宜在解套之後，仍抱持還會創高獲利的期待。

在股價真實的波動過程中，這些反彈模式會不斷交替，甚至混合在一起發生，正常而言，反彈的幅度與大小，除了與該股本質有關之外，題材的炒作或是投機與否，都有密不可分的關係，尤其是當時的加權空背景與走勢，更具有決定性的因素，請各位投資人在掌握本章節的絕竅之後，運用到實際走勢圖中整合、研判，自然可以掌握到最佳的股價轉弱出場點。

實例運用

請看《圖4-32》。全漢股價在向上漲升的過程中，假設我們以標示A的棒線為支撐觀察點，那麼該筆棒線的低點支撐，很顯然的已經被標示B的中長黑棒線給跌破了，這樣的走勢暗示股價已經轉弱，唯一可以化解這種多頭頹勢的途徑，就是讓股價再度創下新高點。

《圖 4-32》跌破支撐反彈創新高的範例

同樣的研判法則可以套入標示C、D。當標示C的低點被標示D跌破之後，只有再度創高化解多方頹勢，此即跌破支撐反彈創新高，也有盤堅進貨與盤堅洗盤的味道。

請看《圖4-33》。當浩鑫股價向上創高過程中，我們取標示A的棒線低點為支撐觀察點，當該棒線低點被跌破之後，股價從標示L進行反彈，反彈並未創下新高點化解轉弱的走勢，因此反彈結束點即標示H，為「**短期頭部**」的訊號。

《圖4-33》破支撐反彈未過高的範例

請看《圖 4-34》。標示 A 是股價滿足黃金螺旋 2.618 倍幅的區域，亦即當時股價已經進入相對滿足區。當再度出現標示B的棒線時，暗示股價有機會繼續向上挑戰，要完成這樣的假設，就必須守穩標示 B 棒線的低點。然而標示C的中長黑棒線跌破標示B的低點支撐，通常會出現反彈走勢，最快速的超短線反彈，就如同標示D一般，只利用上影線撞進標示 C 的實體之內。

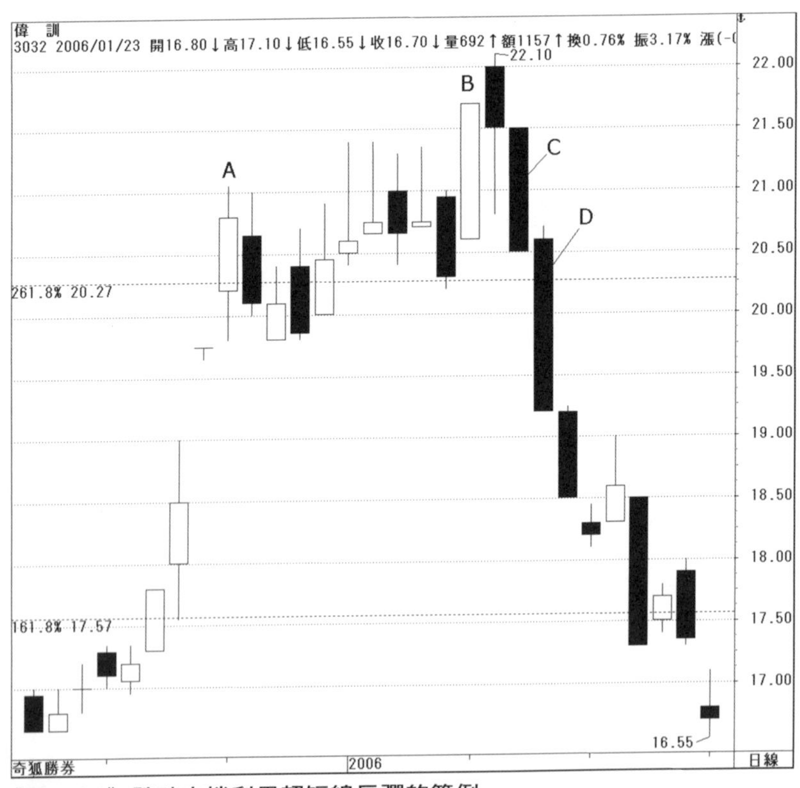

《圖 4-34》跌破支撐利用超短線反彈的範例

請看《圖 4-35》。友達股價從 55 元起漲以來，整個走勢中只要是中長紅表態的棒線，其低點都未曾被跌破過，此即「妙手乾坤」中關於白無常的研判技法之一。而當標示 A 的中長紅棒線被跌破之後，暗示股價走勢已經轉弱，想要化解多頭頹勢的唯一途徑就是再度創高，但是股價在反彈過程中於標示 B 出現止漲訊號，形成了「**短期頭部**」的型態，此即跌破支撐後利用日線小波段反彈的標準走勢之一。

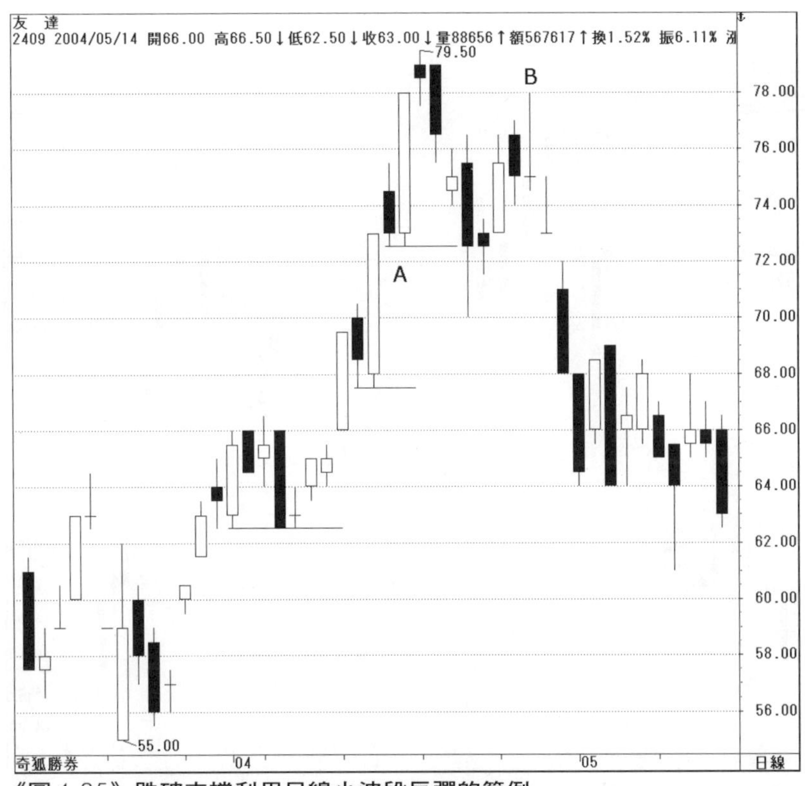

《圖 4-35》跌破支撐利用日線小波段反彈的範例

請看《圖 4-36》。中央保股價在標示 A 前一筆穿越黃金螺旋的 2.618 倍幅，亦即已經進入短線作多風險區，如果取的測量幅度時間周期較長，那麼這裡將會是中線風險區。在風險區出現如標示B的中長紅棒線，如果是一個攻擊盤，那麼這筆棒線低點就不會被跌破，跌破了就說明這不是攻擊，甚至有拉高出貨的嫌疑。而當標示B棒線低點被跌破後，就要利用本單元介紹的方法進行觀察，沒有創高就不必看好。

《圖 4-36》跌破支撐利用日線大波段反彈的範例

結果股價走勢只出現超短線反彈，日線沒有出現小波段反彈形成「**短期頭部**」，因此我們可以根據當時時空背景加以推斷，股價極有可能會進行日線大波段反彈的走勢，即圖中標示C的這一段，而該段反彈往往也是逃命波動，或是「**解套型出貨**」的模式。

請看《圖4-37》。多頭走勢過程中重視支撐是否防守，

《圖4-37》突破壓力拉回創新低的範例

反之，空頭走勢則重視壓力是否被突破。從光磊這檔股票的走勢中，可以定位標示H可能是一個底部型態的頸線，標示A的中長紅棒線突破壓力，暗示底部成型，股價應該要向上推升，結果標示B的長黑棒線竟然跌破標示A的長紅棒線低點，代表這一個底部型態將會失敗，股價走勢稱為「**假突破、真拉回**」。這個例子也打破一般技術分析認為有效的突破頸線必須要超過3%，且站穩三天的這種錯誤觀念。

當標示A的長紅棒線低點支撐被跌破時，觀察的方法就要回到跌破支撐後，股價是創高還是只有反彈的推論，而反彈又可以分成短線、小波段和大波段反彈，本例只出現標示C棒線的上影線，穿越標示B棒線的實體之內，所以只是短線反彈而已，也就是當時的下跌力道較強。

請看《圖4-38》。台苯股價以標示H為底部頸線，當標示A的中長紅棒線突破頸線壓力之後，並沒有出現超短線的回檔，暗示短線多頭的力道較強，但是沒有出現短線回檔，通常這是代表未來會有波段回檔，回檔時觀察支撐，並且注

《圖 4-38》突破壓力拉回不創新低的範例

意是否破底。本例因為標示A的攻擊棒線低點沒有跌破，所以屬於突破壓力後拉回不創新低的標準範例。

請看《圖 4-39》。標示 H 和標示 H1 屬於負反轉的壓力點。當出現標示 A 的中長紅攻擊棒線，突破標示 H1 的壓力時，正常而言會出現回檔的走勢，最快速的超短線回檔，即為標示A的隔一筆，只利用下影線撞進標示A的實體之內。同理，當出現標示B的中長紅攻擊棒線，突破標示H的壓力時，一般是會出現回檔的走勢，最快速的超短線回檔，即為標示 B 的隔一筆，只利用下影線撞進標示 B 的實體之內。

《圖 4-39》突破壓力利用超短線回檔的範例

請看《圖4-40》。我們可以定位光磊股價在標示A是一個壓力區，當標示A的壓力帶上緣被中長紅棒線突破之後，暗示股價走勢已經轉強，除非空頭先將突破的中長紅棒線低點跌破，否則多頭將維持一個強勢格局。但是突破重壓區不回檔並不符合股價波動慣性，所以標示B出現止漲拉回的走勢，也就是突破壓力後，利用日線小波段回檔的標準走勢之一。

《圖4-40》突破壓力利用日線小波段回檔的範例

請看《圖4-41》。光磊股價在標示A與標示B，屬於兩個負反轉的壓力區，當股價從線圖中最低價8元開始上攻的這一個波段，同時突破標示A與標示B的壓力，很容易使多頭的攻擊力道衰竭，導致較大幅的或是較長時間的拉回修正。圖中標示B所呈現的正是這樣的含義，這就是突破壓力後，利用日線大波段回檔的標準範例之一。

《圖4-41》突破壓力利用日線大波段回檔的範例

我們如何知道標示D的大波段拉回修正已經結束？只要股價出現短期的底部訊號，就可以假設修正的走勢已經成立，標示C的走勢正是代表這樣的意義。也就是說可以在這裡切入作多，並以標示C的棒線低點為作多停損點。

評估風險的方法

只要有任何的交易行為，都會存在相對風險，差異在於風險的高低，在交易過程中所賦予的槓桿倍數越高，其買賣操作上的風險會更高，為了規避風險，在金融操作上，便發展出如何停損，如何資金控管，研究基本面等觀念與技巧，目的就是為了提高獲利率，讓風險降到最低。

在這個單元所提出評估風險的方法，將以技術分析的角度，用最簡單的波動邏輯進行推演與思考。當作多時，何種走勢對多頭最為有利；而當作空時，何種走勢對空頭最為有利，這些基本的搏擊技巧，將是各位投資朋友的最佳防身技術。礙於篇幅，我們仍只針對多頭走勢加以說明，空頭走勢的研判只要將本單元的定義，倒過來運用就可以了。

當股價於下跌走勢過程中，出現中長紅棒線或是其他止跌訊號，出現如《圖4-42》中第一段的小反彈，股價正常走勢會拉回嘗試做出第二隻腳，第二隻腳並沒有規定會成立，也就是股價可以如同標示A，在沒有創新低以前再度向上反彈，形成第二隻腳的型態或是呈現鋸齒狀向上反彈，也可以在拉回過程中，形成如同標示B的走勢，持續破底向下。

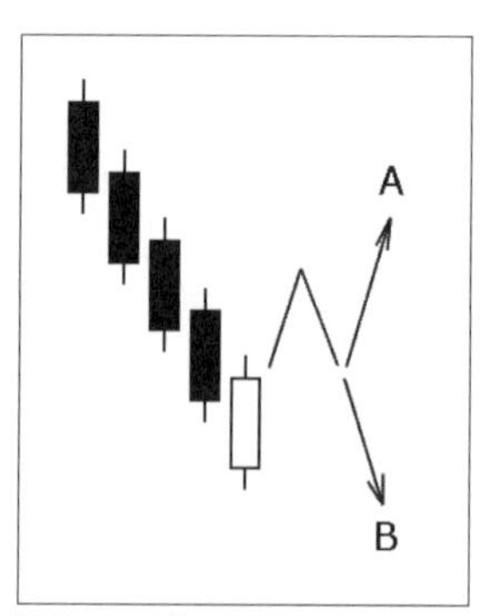

《圖4-42》止跌反彈的後續

因此在下跌創低的空頭走勢中，出現止跌訊號而反彈的第一段走勢，它有可能盤底成功，也有可能持續破底下跌，因此在空頭走勢中的操作不是看見止跌訊號就介入，這是「**摸底**」的行為，不幸摸錯了，股價還會有更低點，這樣的操作模式風險較高，所以操作應該在底部訊號出現時，才有「**考慮**」介入操作多單的思維，才能有效降低操作風險。

當股價如《圖4-43》中標示A完成底部型態時，是否就代表股價未來一定會上漲？**答案是：不一定**。我們可以從

《圖 4-43》右側的圖形變化加以說明。標示 B 是底部真的完成了，帶動一波上漲的走勢，而標示C則是底部失敗，這一個「**假底**」的訊號，只是一個中段整理的反彈波動。

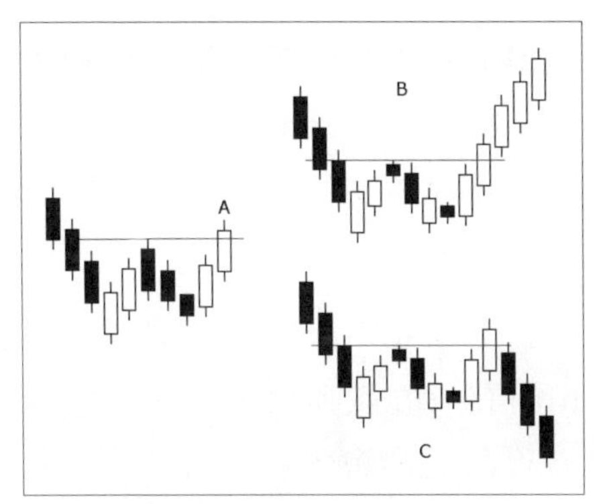

《圖 4-43》盤底走勢的後續

操作過程中，如何辨識當完成標示A的型態後，接著股價將會走出標示B還是標示C的波動？這裡提供幾個簡單的辨識法則：

一、空頭的下跌走勢是否已經滿足？利用測量學可以概估得知可能的滿足區，滿足目標後出現的盤底，會相對的可靠。

二、發生的相對位置是屬於潮汐或是波浪的哪一個位階？這個部分可以與第一點的研判互相搭配，效果會更明顯。

三、當時的加權時空背景是否屬於對多方有利的架構？當大環境呈現對多方較有利時，主力也比較能夠做出有效的攻擊線型。

四、完成底部型態的攻擊K線低點是否能夠防守？守住攻擊K線低點，代表的是針對頸線完成真突破，既然是真突破就會發揮底部型態的力道而使股價向上攻堅。

操作前若針對上述幾點原則進行過濾，那麼就可以讓自己的操作買在相對有效的發動點，如此才能降低操作上的風險，並且能提高獲利的機會。

在股價波動的過程中，難免會製造出許多技術面上的支撐與壓力，而在向上波動的過程中，除非已經創下歷史新高，不然遭遇以前下跌走勢過程中的壓力是在所難免，這些壓力如果是時間較久遠的，其實質效用會越低，但是心理層面上的壓力卻是存在，至於離目前走勢越近，壓力的效果會更為明顯，尤其是剛從最低點轉折向上時所遭遇到的壓力。

通常遭遇壓力時會出現空頭打壓，導致股價拉回的慣性，在《圖4-44》當中，中長紅棒線才剛剛撞進壓力區內，這種多頭表態通常會成為烈士，而且離低點的發動區已經處於相對高檔的位置，因此風險已經相當高，所以這種走勢不被列入多頭積極操作的位階。

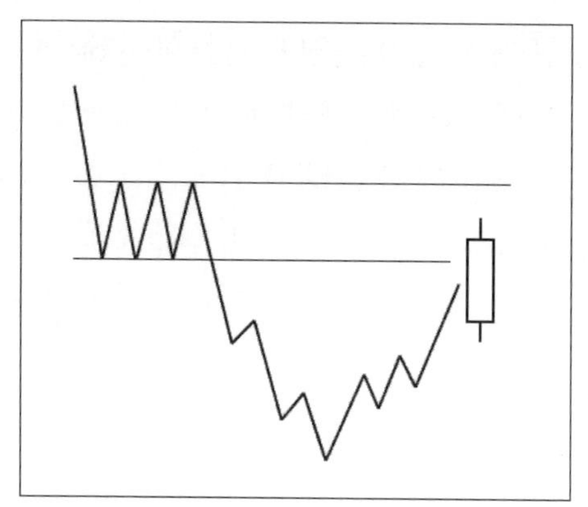
《圖 4-44》撞進壓力的多方風險

《圖 4-45》是延續《圖 4-44》走勢的後續，股價終於在多頭奮力的攻擊下越過壓力帶，此時除了少數因為股價基本面好轉，或是特定人士進行炒作會直接攻擊之外，通常股價被被打壓而導致拉回，因此這個位置也不是最佳的短線介入點，萬一是假突破真拉回，在此介入的操作將會被套在最高檔。

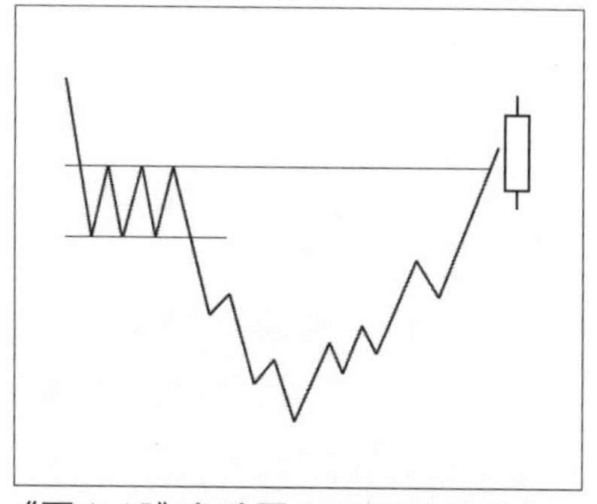
《圖 4-45》突破壓力後的多頭風

當股價突破壓力區間後呈現拉回修正走勢是正常的，請看《圖 4-46》所示。但並非是拉回就是隨便買，因為在拉回的過程中，其目的是要針對前波上漲的走勢進行修正，至於拉回的幅度多深或是時間多久，並無法準確預估，只能推測拉回的幅度較淺，或是時間較少，代表的是多頭越強；如果拉回的幅度較深，或是時間較久，代表的是多頭越弱。

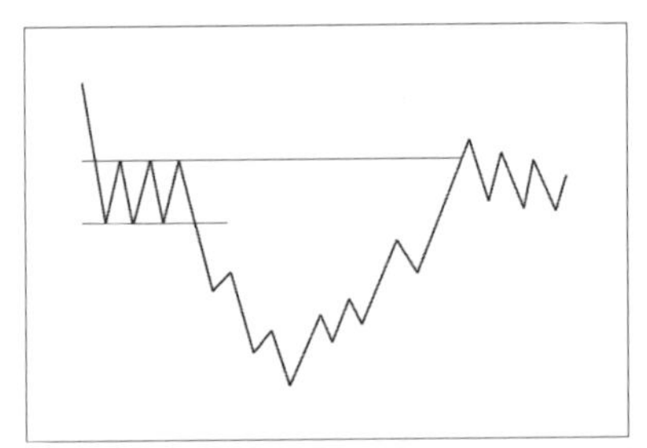

《圖 4-46》突破壓力後回檔修正的多頭

至於拉回的走勢，可以概略區分：為大波段拉回、小波段拉回與一日拉回等走勢，如果拉回過程中要對多頭有利，必須守住重要支撐，這些支撐必須根據線型的實際走勢定位，無法一概而論。同時要呈現洗盤的技術現象，這部分則請投資人參閱《主控戰略成交量》。

在拉回過程中，沒有作多訊號出現則不需要逢低承接，避免錯買或是誤判行情。因為我們不曉得拉回到哪裡才會結束，逢低承接會將的操作暴露在風險之間，況且在部分走勢中，突破壓力區間後的拉回，仍會導致走勢持續破底下殺，萬一投資人正好觀察的標的物是走這種模式，不正好買在下跌過程中？

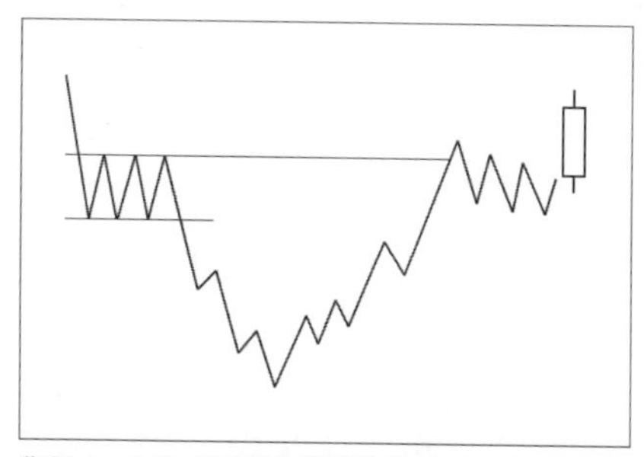

《圖 4-47》修正走勢結束後的多頭攻擊

當股價突破壓力區間並呈現拉回後，首先要觀察回檔的過程是否對多頭架構產生嚴重破壞，接著觀察是否在拉回過程中出現另一次底部攻擊訊號，這一個攻擊訊號會相對的可靠，操作風險性較低，安全性與獲利的機會較高，所以是屬於積極買進的暗示。

在多頭上漲氣勢明顯的過程中，當還沒有滿足預估的目標區以前，任何攻擊都是買點，只是越靠近滿足區，買進的利潤空間越小、風險越高。從《圖 4-48》中可以做這樣簡單的規劃，當標示A的攻擊棒線突破標示H的頸線時，操作者作多方買進的動作，並以標示 A 的低點為作多停損點。

標示B的棒線離預估目標區還有相當距離，此時可以計算風險與利潤的比值進行評估，當標示C已經相當接近目標區，所以並不適合積極買進，而標示D則是已經穿越目標區，此時買進的風險相對更高。接著我們就以實際例子說明買賣點技巧的綜合運用。

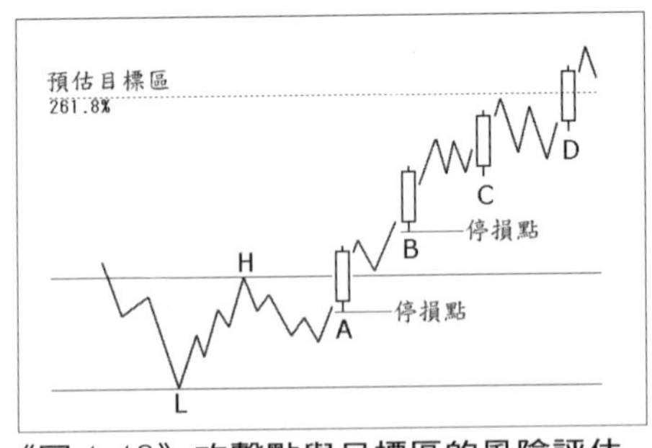

《圖 4-48》 攻擊點與目標區的風險評估

實例說明

請看《圖4-49》。圖中標示14.8元的水平頸線，是前波下跌過程中的某一個壓力值，標示A先是以中長紅棒線穿越黃金螺旋測幅的2.618倍，而且離14.8元頸線已經不遠，意思是這一筆中長紅棒線已經不適合再做買進的動作，反而要注意賣出的訊號，也可以定位這一筆中長紅棒線屬於「**多頭力竭**」的機率較高。

《圖 4-49》評估風險的操作範例之一

就操作原則而言，一個明顯的波段上漲走勢，在跌破10MA之後容易進入走勢趨緩，標示B棒線正宣告這樣的含義，也暗示投資人多單應該要準備逢反彈高點退出。接著標示C的棒線跌破多頭支撐，更確立破10MA後宜先出脫多單的原則，熟悉實際操作技巧的操作者，可以在標示D這個位置，發現K線組合轉弱或是呈現對多方不利的K線組合時，將手中多單退出。

接著請看《圖4-50》。標示A是《圖4-49》多單退出的位置，雖然標示B在高檔震盪後創下新高，但是並沒有出現明確的多頭表態，因此不算是有效的買點，接著在標示E，對水平頸線做出一個「**空方試探**」的K線型態，暗示股價完成頭部，將向下修正。此時我們可以先取從標示B開始轉折向下的第一段下跌幅度作為測幅計算。

《圖4-50》評估風險的操作範例之二

如果下跌走勢已經完成，那麼在穿越測量幅度之後，理應出現底部訊號，帶動股價上漲。在標示C先穿越黃金螺旋測幅的1.618倍，假設這裡已經修正完畢，應該會出現底部訊號才對。事實上，股價在標示C之後並沒有任何底部訊號，既然如此，也就不需要做買進的動作。

沒有底部訊號，就不買進，這是規避操作風險的最佳方法，也就是等待確認訊號出現再做切入，雖然成本略高，卻可以避掉曠日費時的等待，甚至避掉股價再度下跌的操作風險。

股價在穿越1.618倍幅之後出現震盪，接著標示F的「**空方試探**」貫穿震盪平台，讓股價持續向下修正，在標示D穿越黃金螺旋的2.618倍幅，如果這裡已經修正滿足，一般會在穿越的後續走勢中，盤出一個明顯的多頭底部訊號，是否如此？請接著看《圖4-51》。

在《圖4-51》中，當股價穿越2.618的倍幅後，最低來到6.87元，股價隨即出現反彈，其中我們找到標示H為頸線觀察，股價就在H之下震盪，標示C是一個較弱勢的「**上揚三法**」組合，標示D為「**內困三日翻紅**」組合，在盤底過程中一直出現對多方有利的K線型態，暗示底部將有機會完成。

《圖4-51》評估風險的操作範例之三

當標示E的棒線針對標示H形成「**多方試探**」的K線組合後，代表底部完成，操作者可以嘗試作多買進。這裡的思維有幾個重點：

一、標示A的壓力帶是下跌過程中第一次滿足修正目標的震盪區間，因此具有相當重要的壓力參考性質。最重的壓力值便定位在壓力區間上緣的11.5元這裡。

二、以H為頸線的底部區是剛修正結束的第一次底部，因此短線可以挑戰目標區的最大值，利用簡單的測量，宜定位在標示A的壓力帶的上緣11.5元。

三、若以標示E棒線作為買進點，當日收盤為9.84元，最低9.1元，以此為停損價。可能可以挑戰的目標是11.5元，所以停損值為9.84－9.1＝0.74元，而可能的利潤是11.5－9.84＝1.66元，計算其風險利潤比＝1.66÷0.74×100%＝224%。

綜合上述的思考，推論當下可以做買進的動作(當時尚未收盤時可以用即時走勢中的值代入思考)，買進之後如果股價並未出現預期中的上漲走勢，反而跌破預定的停損參考價9.1元，那麼表示我們誤判了，理應執行反彈退出的動作。若股價符合預期出現向上漲升的走勢，因為預估的目標區在

11.5元這裡，當穿越這個壓力值時，短線只要出現多頭轉弱的訊號，就要執行獲利了結的動作。

既然標示A是壓力帶，在正常情形下，穿越壓力之後股價會進行震盪或是拉回修正的動作，我們無法預估它會修正多久或是回檔多深，因此標準的操作動作就是先退出，短線上沒有必要與它長相廝守。

接著請看《圖4-52》。標示A在穿越前波壓力帶之後，股價果然進入震盪走勢，我們取震盪過程中的最高點，即標示B為平台頸線做觀察，整個震盪過程中，拉回的幅度並不深，因此可以假設多頭的企圖心較強，未來只要出現多頭再度攻擊的訊號，仍然以作多為考慮。這種走勢也是屬於過壓力後拉回修正的模組之一，亦即本章《圖4-46》的範例圖。

股價在震盪一段時間後，在標示C以中長紅棒線突破震盪區間的水平頸線，這是屬於風險較低的買進位階。在這一筆棒線之前，筆者曾在討論區中說明其可能挑戰的目標為前波起跌最高點15.6元，此部分已經在本書第一章詳述過，請投資人自行回顧。在標示C當日的最高價是12.25元，假設這是買進價，最低價是11.2元，我們將此定為停損價，預估

《圖 4-52》評估風險的操作範例之四

挑戰的目標值是15.6元，計算其風險利潤比為：(15.6－12.25)÷(12.25－11.2)×100%＝319%，可能獲得的利潤有：(15.6－12.25)÷12.25×100%＝27.3%，因此投資人應該大膽買進。

請看《圖 4-53》，當股價突破盤整區進行買進之後，若跌破停損參考價，就應該執行認賠退出，如果符合預期就將持股續抱到可能的目標區附近，當股價進行轉弱時逢高退出。我們在圖中看見股價在買點之後，出現連續跳空漲停的強勁走勢，在種走勢之下，許多人不免又出現一種操作的錯覺，認為走勢這麼強勁，目標可能會比預期的更高，進而忽略了操作風險，並且會樂觀的忘記之前假設的滿足區。這種

《圖 4-53》評估風險的操作範例之五

因為走勢強勁而過度樂觀的心態，是屬於操作中的大忌，也是主力常用的心理面伎倆。從走勢圖中可以清楚發現，股價在穿越15.6元後就出現中長黑，並且進入高檔震盪格局，所以在樂觀中保持謹慎，是操作者應該隨時在心中浮現的戒律。

請看《圖4-54》。當光磊股價從4.21元的低點拉出「**熊**

《圖4-54》評估風險的操作範例之六

市扭轉」的波段後，接著進行「**波段洗盤**」的走勢，並在標示A出現一個短期底部的訊號，股價就從這裡開始上漲。當股價穿越前波高點時，即標示B出現賣壓而導致股價拉回，但是這一個拉回很快的又創下新高點，暗示多頭企圖心相當強烈。

當標示C出現中長紅攻擊棒線之後，我們就可以用「**熊市扭轉**」為初升段，並以黃金螺旋的技巧進行波段的測量，假設這是一個弱勢上漲，也會有1.618倍幅的目標8.89元。因此在標示C買進之後，假設以當筆最高價7.76元進場，停損價設定在買進K線的最低點7.3元，亦即損失的空間可能是7.76－7.3＝0.46元，獲利的空間可能是8.89－7.76＝1.13元，風險利潤比超過兩倍，所以值得做投機性質的買進，如果是目標是在2.618倍幅的11.78元，則獲利空間可能為11.78－7.76＝4.02元，風險利潤比將超過八倍。

後續K線在標示D、E、F、G、J都是以中長紅棒線作多頭表態，根據預估的目標未滿足以前都可以做買進的原則推論，這些都是所謂的標準買點，差別在於這些買點所承受的風險高低有所不同，越靠近目標區其風險利潤比的值會越低，也就是風險越高，散戶投資人做買進的動作與買進的成數要更少，以規避處於相對高檔的風險，投資人可以根據每一筆棒線所標示的高低點，嘗試計算其風險利潤比。

在標示G這一筆的攻擊棒線，在後續走勢被跌破過，這是一個多頭上攻的警訊，也是波段上漲以來首次攻擊棒線被空方跌破，在接近2.618倍幅的滿足區附近出現這樣的訊號，暗示多頭氣勢已經被減弱，不宜再積極進場，而是準備要逢高找賣點來出脫手中的多單持股，標示P在穿越預估的目標區之後，只要出現短線轉弱的訊號，就可以逢高先行退出。

技術分析的基本操作邏輯就是如此而已，只要投資人將股價波動邏輯認識清楚，搭配恰當的推演思維與操作邏輯，在股市中規避操作風險，擷取恰當的投資報酬並不是一件困難的事。

請看《圖 4-55》。六福股價在下跌過程中，假設想要嘗試做買進的動作，不是看見止跌訊號就介入，因為下跌過程中出現的中長紅棒線，不過是嘗試止跌的訊號而已，只有少部分的走勢會利用單腳做「**V型反轉**」，大部分都需要做出底部行為，才有反彈的行情。

《圖 4-55》評估風險的操作範例之七

我們假設標示H1、H2、H3都是下跌過程中出現嘗試止跌後的頸線，後續股價並未針對這些頸線作出底部型態，因此不能視為有效反彈，標示A、B的中長紅棒線自然不能視為買進的訊號。但是當股價到標示C時，完成了一個簡單的「**底部型態**」，因此這裡才是可以進場操作的時機，又因為股價仍在創低過程中，進場時只能定位在「**反彈操作**」。

最後在標示H4的位置又形成頸線，但是這裡已經是相對於標示C的相對高檔，投資人不妨利用測量學，觀察股價是否已經將底部型態的力道用盡，若是，則此時買進容易買到震盪行情。萬一錯買，不管是買在標示D或是標示E，都應該在跌破標示E棒線時，察覺股價走勢轉弱，並於後續反彈過程中逢高退出。

請看《圖 4-56》。台股期貨指數在 15 分鐘線的變化，可以很明顯的看出股價波動變化的邏輯。標示A是屬於上漲過程中的支撐區塊，這裡將會有強勁的支撐力道。標示B則是上漲過程中的頭部型態，所以是壓力區間，這個頭部導致股價下跌，並使股價逢標示A的支撐，再度反彈創下新高。

《圖 4-56》評估風險的操作範例之八

當股價再度創下新高點時，在標示D遭逢標示B的頭部壓力，故股價容易拉回震盪，拉回過程中只要不破壞多頭結構，都還有再度創高的機會。然這一段拉回走勢卻盤出一個頭部，並在標示E的「**空方試探**」線型下完成，最後股價下殺於標示F的位置跌破標示A、C的支撐，暗示股價已經轉空，理應逢反彈高點退出，並注意是否有作空時機。

圖中標示G的走勢即可以視為波段反彈，當標示H的「**空方試探**」出現時，代表反彈過程中再度盤頭，意思是反彈結束，股價將持續下探。接著請看《圖4-57》。

請看《圖4-57》。當台股期貨指數從6800點回檔破壞多頭支撐後，投資人宜於波段反彈末端退出多單，並伺機操作空單，當標示A的「**空方試探**」出現後，理應進場執行放空的動作，因為這可能是反彈結束的訊號，若這樣的假設真的成立，那麼從6800到開始反彈的低點，將會是初跌段，向下修正的目標先計算黃金螺旋的1.618與2.618倍幅，則目標會分別在6573和6443點。

《圖 4-57》評估風險的操作範例之九

假設我們執行放空動作在標示B這一筆棒線，以最高點6743為作空停損點，並以最低點6715作為進場價，那麼停損的空間可能是6743－6715＝28點，但是可能獲利的空間分別為6715－6573＝142點，或是6715－6443＝272點，風險利潤比分別超過五倍與九倍，所以值得投機進場操作。

當股價下跌到標示B，穿越1.618倍之後，並未盤底止跌，所以目標下看2.618倍，通常滿足這裡之後盤底反彈的機率較高，因此在標示C的棒線穿越2.618倍之後，應該開始注意是否出現可靠的底部訊號。

請看《圖4-58》。標示B是一個震盪區間，因此定位成為壓力帶，當股價在標示A穿越2.618倍幅之後，形成一個

《圖4-58》評估風險的操作範例之十

震盪走勢，第一隻腳的低點是6381，第二隻腳的低點是6378，標示B的棒線穿越頸線之後，我們可以說這是「**破底穿頭**」的短線走勢，在此可以伺機進場。

圖中標示C、D、E分別是攻擊K線，且已經撞進或是撞過標示B的壓力帶，是否值得短線追買，必須要評估其介入的風險，才可以定奪。假設反彈上攻的力道有機會讓股價穿越壓力區，那麼標示C、D尚可以嘗試追進，而標示E因為已經穿越壓力帶，獲利了結的賣壓會相對較大，在此追買的風險會較高。想要知道上攻力道可能將股價推至何處，較常用的手法就是計算可能的目標區。

請看《圖4-59》。圖中標示A等於《圖4-58》標示C的位置，標示B等於《圖4-58》標示E的位置。標示A正好穿越初升段上漲的1.618倍幅，在這裡進場略有風險，但是只要守住標示A棒線的低點，那麼震盪的走勢就與標示A棒線形成「**上揚N法**」，最後股價在標示B穿越2.618倍幅時，同時也穿越了前波壓力帶，所以很容易在此出現回檔的行為，標準的操作手法是在穿越的隔一筆，逢高將手中的短線多單先行獲利了結。

《圖 4-59》評估風險的操作範例之十一

股價隨後跌破標示B中長紅棒線的低點，宣告正式進入拉回修正的走勢，這一段修正走勢會不會破壞多頭架構？我們可以在標示L形成正反轉的地方，先行拉出一條支撐線觀察，這裡沒有跌破以前，都可以視為多頭優勢。

接著請看《圖4-60》。從圖中可以發現拉回修正走勢在還沒有跌破標示L的支撐線以前，先於標示A拉出「**白三兵**」的多頭表態，接著在標示B突破H2的負反轉頸線，為「**多方試探**」的K線組合，這一個組合如果真的對多頭有利，即形成「**真突破**」的行為，那麼標示B棒線的低點6581就不會被跌破。

《圖4-60》評估風險的操作範例之十二

假設在這一筆賭股價會繼續挑戰下一個目標，即黃金螺旋的 4.236 倍幅，那麼可能的停損空間為 6598 － 6581 ＝ 17 點，而獲利的可能空間為 6704 － 6581 ＝ 123 點，故可以嘗試短線切入作多，當標示 C 棒線再度對標示 H1 的負反轉頸線呈現「**多方試探**」時，便確認標示 B 棒線是真突破，此時再將標示 B 棒線的研判關鍵套入標示 C 棒線即可。

等到股價出現標示 D 棒線時，就確定標示 C 棒線是真突破，但是這裡恐怕已經不適合再追逐進場，因為已經相當靠近預估的 4.236 倍目標區，意思是操作的風險已經很大。雖然作多的風險較高，並不代表就可以作空，因為股價尚在攻擊，沒有止漲訊號以前，空頭是完全沒有進場的理由。

而標示 E 棒線在穿越 4.236 倍幅之後，隔一筆不日出收黑，短線攻擊力道已經走弱，暗示有高點先逢高退出，至於後續再創新高 6742 點，看起來與目標 6704 有點距離，但是誰有把握可以賣到最高？操作任何金融商品不外乎吃個八、九分飽就足夠了，總是要留一點餘地給別人吃，學習技術分析的目的，其實就是想要順利的把握最容易獲利的那一段，且能夠讓自己的操作全身而退、落袋為安，而不是汲汲營求掌握到最高點或最低點，不是嗎？

重點整理

一、想要在股市中獲利，只要做好這些步驟就可以了：

(1)選對股票再進場。

(2)選對時機買股票。

(3)找對位置才進場。

(4)買進之後設停損。

(5)停損跌破退出，沒有跌破續抱。

(6)停利點跌破或是預估滿足區到達退出。

(7) 退出後先觀望。

(8)伺機介入或是找尋另外一次標的物。

二、設定停損停利的方法綜合起來通常有：

(1)波段盤以 10MA 控盤。

(2)買進的當筆棒線為觀察。

(3)整理區間設停損。

(4)目標滿足時退出。

(5)綜合運用。

三、出場時觀察兩大系統：一個是反彈再創新高，另一個是反彈不創新高。其中反彈不創新高的走勢又可以細分為：

(1)跌破支撐利用超短線反彈。

(2)跌破支撐利用日線小波段反彈。

(3)跌破支撐利用日線大波段反彈。

結　語

每一次的買賣，在當下，都是難以決定，事後看線圖都會很篤定，那是股價已經走完了的緣故，所以事後看圖說故事人人會，當下如何得知這是一個可靠的發動點，我們可以大膽介入？

這些關係到對技術分析的熟稔程度，操作經驗值的累積，以及心態上的調整，這些因素缺一不可。技術分析固然重要，卻非完全代表一切。但是沒有正確的技術分析方法，累積的操作經驗值不會是正向的、心態的調整也難以達成正果。

最好的催化劑是時間。

透過長時間學習，累積經驗並修正錯誤，才能讓技術分析理論與邏輯趨近於完美，這一本書希望能夠減少各位投資人一點摸索的時間，那麼就算是功德圓滿了。

感謝各位讀友對筆者的支持，也歡迎到筆者架設的網站討論有關技術分析的種種問題。當各位新朋友駕臨網站時，如果要進行發言討論的動作，請先註冊成為網站的會員。註冊是完全免費，所有關於如何註冊的訊息，與註冊時的注意事項，均在網站首頁「網站問題與解答」中的連結有詳細的說明，請依照裡面的說明執行註冊手續，假設註冊過程出現問題，請寄 E-MAIL 給我，我的信箱公佈在網站首頁。

至於讀者專屬的討論區，原本設定為封閉型態，現在已經完全開放，不需要再另外開啟權限，歡迎各位讀友多加利用。

《主控戰略中心》http://h870500.ez-88.com

韋中歡迎大家光臨

國家圖書館出版品預行編目資料

股價波動原理與箱型原理 / 黃韋中著. － 初版
. － 台北縣板橋市：大益文化, 2006〔民 95〕
面：公分　　(大益財金：01)
ISBN 978-986-82530-0-1(平裝)

1. 證券

563.53　　95014223

大益財金 01

股價波動原理與箱型理論

作　　者：黃韋中
發 行 者：大益文化編輯部
出 版 者：大益文化事業股份有限公司
地　　址：台北縣板橋市中山路一段 293 之 1 號 7 樓之 1

實體總代理：彩舍國際通路
進 貨 地 址：台北縣中和市建一路 89 號 5 樓
退 貨 址 地：台北縣中和市建一路 89 號 6 樓
電　　話：(02)2226-7768　　傳　　真：(02)8226-7496
劃撥帳號：19459863 華文網股份有限公司（郵撥購買，請另付一成郵資）

全系列書系特約展示門市

橋大書局	新絲路網路書店
地址：台北市南陽街 7 號	地址：台北縣中和市中安街國立台灣圖書館 B1
電話：(02)2331-0234	電話：(02)2929-0559
傳真：(02)2331-1073	網址：www.sikbook.com

線上 pbook&ebook 總代理：華文網股份有限公司
主題討論區：www.silkbook.com/bookclub　●新絲路讀書會
紙本書平台：www.book4u.com.tw　●華文網網路書店
瀏覽電子書：www.book4u.com.tw　●華文電子書中心
電子書下載：www.book4u.com.tw　●電子書中心(Acrobat Reader)

定　　價：500 元
西元 2006 年 7 月初版
西元 2006 年 8 月初版二刷
ISBN 987-986-82530-0-1(平裝)
　　　986-82530-0-4(平裝)